Peter Wirth

Der
GARTENPLANER

Gärten

▶ planen
▶ entwerfen
▶ kalkulieren

ULMER

Kapitel 1

DIE BESTANDSAUFNAHME

Kapitel 2

FRAGEN STELLEN – ANTWORTEN SUCHEN

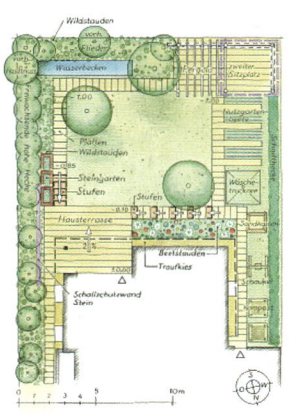

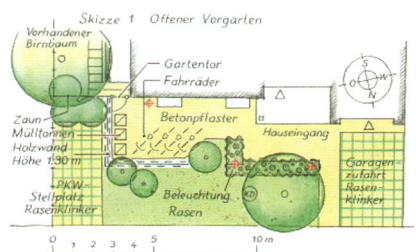

Kapitel 3

GESTALT UND FORM FINDEN

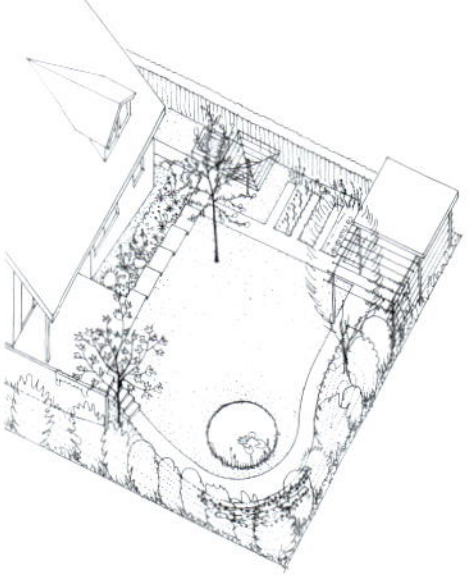

Kapitel 4

DEN KOSTENRAHMEN BERECHNEN

Kapitel 5

WEITERE PLÄNE FÜR DIE BAUARBEITEN

Die Deutsche Bibliothek – CIP-Einheitsaufnahme
Ein Titeldatensatz für diese Publikation ist bei der Deutschen Bibliothek
erhältlich.

Haftung:
Autor und Verlag haben sich um richtige und zuverlässige Angaben be-
müht. Fehler können jedoch nicht vollständig ausgeschlossen werden.
Eine Garantie für die Richtigkeit der Angaben kann daher nicht gegeben
werden. Haftung für Schäden und Unfälle wird aus keinem Rechtsgrund
übernommen.

Bildnachweis:
Alle Fotos Peter Wirth, Zeichnungen von H.-Ch. Rost nach Vorlagen
von P. Wirth. Umschlagfoto: Hans Reinhard, Heilig Kreuzsteinach.

© 2001 Verlag Eugen Ulmer GmbH & Co.
Wollgrasweg 41,
70599 Stuttgart
E-Mail: info@ulmer.de
Internet: www.ulmer.de
Printed in Germany

Lektorat:
Verlagsbüro Kopal, Chr. Weidenweber
Layout:
CYCLUS Visuelle Kommunikation
Herstellung und DTP:
CYCLUS Media Produktion
Druck und Bindung: Offizin Andersen, Nexö, Zwenckau

ISBN: 3-8001-3262-1

▶ *Vorwort*

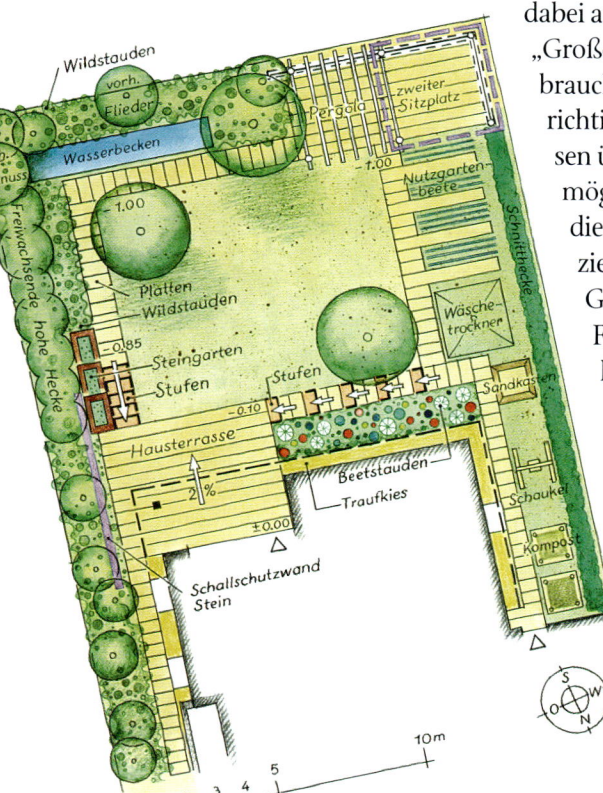

Kein Garten entsteht von selbst. Immer liegt irgendeine ungefähre Vorstellung oder sogar bewusste Konzeption, vielleicht sogar eine detaillierte Planung zugrunde. Als Ergebnis finden wir die unterschiedlichsten Gärten: fröhliche oder ernste, steife, beschwingte, verwirrende und langweilige.
Ziel dieses Buches ist es zu zeigen, in welchen Schritten ein Garten selbst geplant und angelegt werden kann und wann die Hilfe von Fachleuten nötig wird.

Die Planung über das gesamte Grundstück sollte dabei am Beginn stehen, denn immer ist alles vom „Großen ins Kleine" zu entwickeln, um ein gebrauchsfähiges Ganzes zu erhalten. Mit einer richtigen Schrittfolge, einigen Grundkenntnissen über Vorgehensweisen, mit Einfühlungsvermögen und Fantasie kann es gelingen, wenn die Grundstücksverhältnisse nicht zu kompliziert, die Wunschliste überschaubar und der Garten nicht zu groß ist. Macht es Ihnen Freude, Ihre Wünsche, Ideen und Vorstellungen von Ihrem zukünftigen Garten auf dem Papier zu entwerfen? Dann können wir beginnen, denn das ist die beste Möglichkeit, sich den endgültigen Ergebnissen anzunähern.

Nun aber genug der Vorrede, beginnen wir mit der „Arbeit vor der Arbeit".

Kapitel 1

Die Bestandsaufnahme

▶ Ein Garten am Haus
als Beispiel

▶ Was kann im Haus
aufgezeichnet werden?

▶ Was muss draußen
aufgezeichnet werden?

▶ Der Bestandsplan

▶ *Ein Garten am Haus als Beispiel*

Zur Gestaltung eines Gartens gibt es leider kein Rezept, aber der möglichst enge und unkomplizierte Bezug von Innen- und Außenraum gilt immer.

Die Voraussetzungen von Grundstück, Gebäude, Lage, Nachbarschaft, Besonnung und bei Hanglagen die zusätzliche Topografie lassen bei gleichen Vorgaben jedesmal einen völlig neuen Garten entstehen.

Das ist die Schwierigkeit, Gartenplanung zu verallgemeinern. Deshalb sind auch keine Rezeptplanungen möglich. Wobei eines aber immer gilt: Planen Sie Ihren Garten so weiträumig wie möglich, eng wird es später von selbst. Am Hang ist nochmals alles anders: Es gibt ein oben und unten mit dadurch veränderten Sichtbeziehungen. Böschungen sind zu stabilisieren, das Gelände mit Treppen und Wegen zu erschließen.
Fazit: Immer ein spezieller Fall, deshalb wird das Thema Hanggarten auch nur am Rande Beachtung finden.

An einem konkreten Beispiel, das im ganzen Buch Grundlage der Planungen ist, soll das Wichtigste einer Gesamtkonzeption für den Garten dargestellt werden. Abwandlungen zur Anpassung an die eigenen konkreten Verhältnisse lassen sich daraus leicht ableiten. Schlimmstenfalls endet das Unternehmen in der Erkenntnis: Sie brauchen doch einen Landschaftsarchitekten, der Ihnen hilft, mögliche Fehlentscheidungen und unnötige Kosten zu vermeiden.

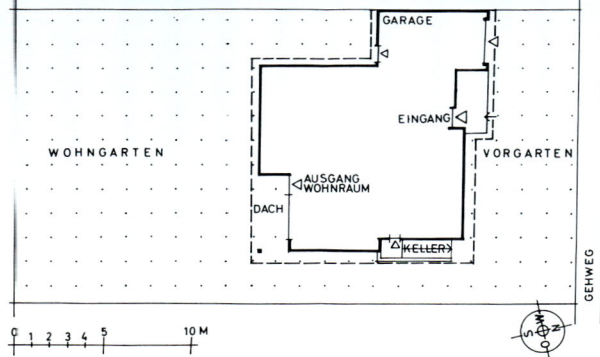

Unser Beispielgarten

■ Das Einfamilienhaus einer vierköpfigen Familie steht auf einem rechtwinkligen, etwa 540 m² großen Grundstück, hat 1 Vollgeschoss, 1 Dachgeschoss, etwa 12 x 11 m Grundfläche und eine integrierte Garage am Haus. Die umgebenden Grundstücke sind bereits bebaut mit vorhandenen Gärten. Als Gartenfläche verbleiben 310 m² Wohngarten und 80 m² Vorgarten. Die Boden- und Klimaverhältnisse sind durchschnittlich. Das Haus liegt an einem leicht nach Süden geneigten Hang, etwas außerhalb aber noch in Stadtnähe (also eine ganz gewöhnliche Situation).

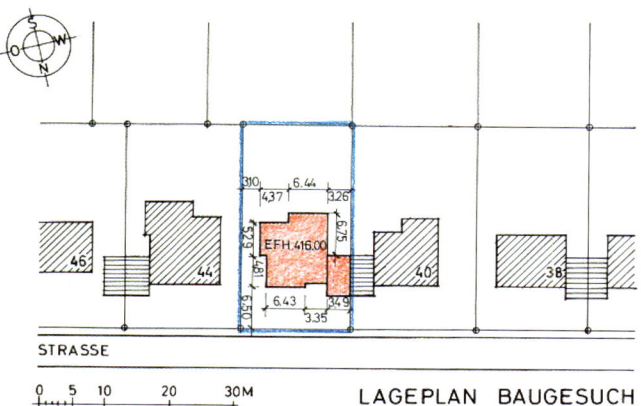

LAGEPLAN BAUGESUCH

STRASSE

0 5 10   20   30M

◀ Aus dem amtlichen Lageplan kann die Himmelsrichtung und die genaue Lage der Wohngebäude auf angrenzenden Grundstücken entnommen werden.

Grundlage aller Planung ist das Baugesuch für das Gebäude. Es besteht in der Regel aus amtlichem Lageplan, Geschossgrundrissen, Schnitten und Ansichten aus den vier Himmelsrichtungen. Die für unser Beispiel wichtigen Grundlagenpläne sind Lageplan, Erdgeschoss auf dieser Seite und die drei das Gartengelände tangierenden Ansichten auf den Seiten 10 und 11. Die Seite mit der Garage ist verzichtbar.

▼ Der Erdgeschossplan zeigt die innere Organisation der Räume mit den wichtigsten Kontakten nach außen. Auf Seite 10 können Sie lesen, was daraus für die Gartenplanung zu übernehmen ist.

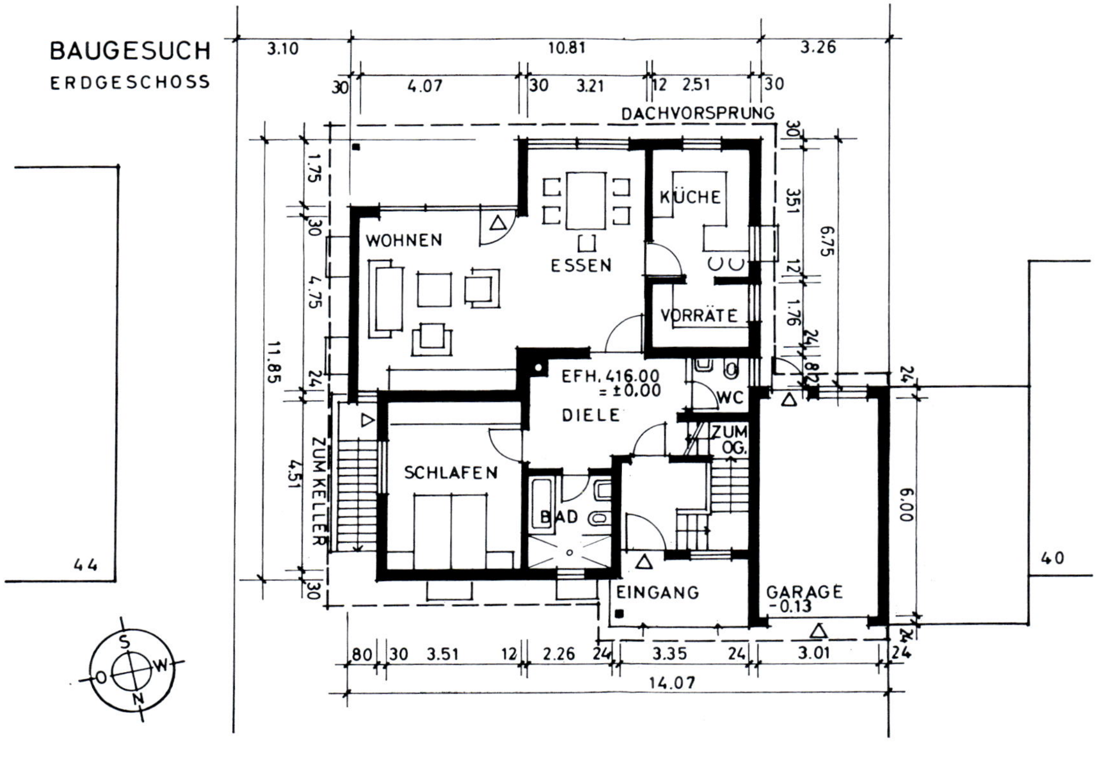

BAUGESUCH
ERDGESCHOSS

WOHNEN

ESSEN

KÜCHE

VORRÄTE

EFH. 416.00 = ±0.00

DIELE

WC

ZUM OG.

SCHLAFEN

BAD

ZUM KELLER

EINGANG

GARAGE -0.13

▶ *Was kann im Haus aufgezeichnet werden?*

Am Anfang jeder Planung für den Garten heißt es, Vorgefundenes erfassen und bewerten, also eine Bestandsaufnahme machen. Es ist die erste Zeichnung für den Garten. Damit nichts Wichtiges übersehen wird, muss das inhaltliche Vorgehen in kleine Schritte strukturiert werden.

Zuerst werden die Grundstücksgrenzen, Gehweg, Straßenkante und das Erdgeschoss des geplanten Wohnhauses aus dem Baugesuch des Architekten aufgezeichnet, wobei die äußeren Gebäudewände, Fenster, Türen nach draußen, Dachvorsprünge (darunter ist es stets trocken) und die Meereshöhenzahl des Erdgeschosses als Messfestpunkt am wichtigsten sind. (Im Bestandsplan am Ende dieses Kapitels auf Seite 14 als schwarze Linien gekennzeichnet.) Aus den Hausan-

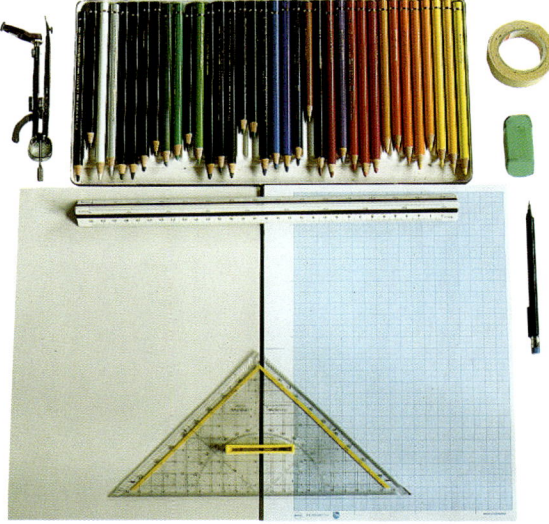

▼ Baugesuch Ansicht Nord: Gebäudeansicht zum Vorgarten hin ausgerichtet. Die Höhenzahlen in cm zeigen, dass Gelände abzutragen ist.

Das brauchen Sie

- Millimeterpapier Din A4/ Din A3 – auch Teile der Nachbargrundstücke müssen erfasst werden
- Lineal mit Maßeinteilung in cm, Bleistift, Radiergummi
- Kleine Holztafel – als Unterlage für das Aufzeichnen im Freien und Reißnägel zum Fixieren des Plans

BAUGESUCH
ANSICHT NORD

20   =15   ALTES GELANDE   EFH ± O   -15-

NEUES GELANDE

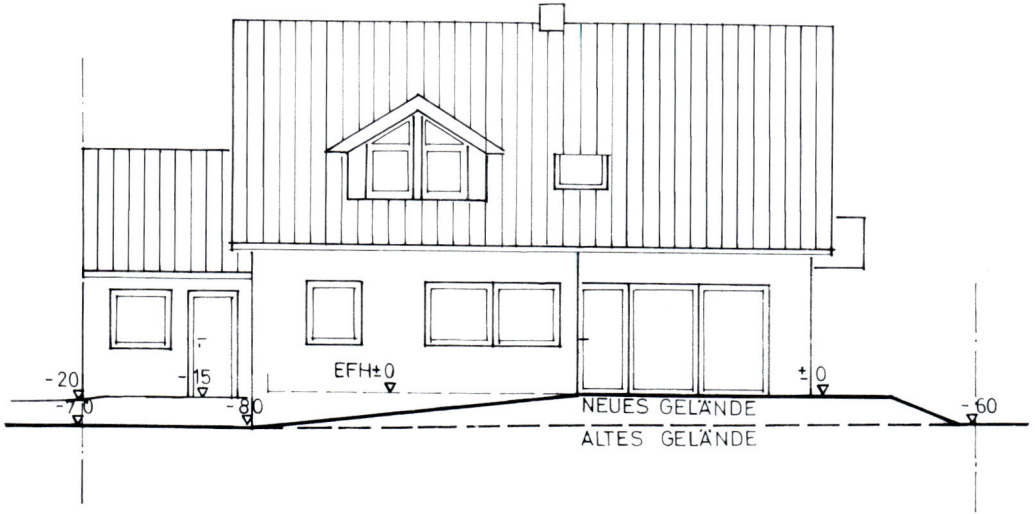

EFH±0
-20 -15 -70 -80
NEUES GELÄNDE
ALTES GELÄNDE
±0 -60

Der Maßstab

- Maßstab 1:100 ist am einfachsten: 1 cm auf dem Lineal ist 1 m in der Natur. Maßstab 1:200 heißt: 1/2 cm auf dem Lineal ist 1 m in der Natur. Es wird also auf dem Papier alles um die Hälfte kleiner als bei 1:100.

▲ Baugesuch Ansicht Süd: Die Wohngartenseite zeigt, dass die künftige Terrasse 60–80 cm über dem vorhandenen Gelände liegen wird.

▼ Baugesuch Ansicht Ost: Die Giebelansicht Ost lässt erkennen, wie altes und neues Gelände zueinander herzurichten ist.

allem der Maßstab von Bedeutung. Ohne Maßstab ist ein Plan nicht zu gebrauchen. Entscheidend ist die Wahl des Maßstabs für die Blattgröße des Bestandsplanes. In der Regel genügt 1:100, seltener bei großen Gärten auch 1:200.

Sind alle Angaben aus den vorhandenen Plänen aufgezeichnet, geht's ins Gelände.

sichten – in der Regel aus allen vier Himmelsrichtungen, bei Reihenhäusern entsprechend weniger – ist meist zu erkennen, wie das künftige Gartengelände an den Fassaden anschließt. Auch da sollten die Höhenzahlen in den Bestandsplan übernommen werden. Wichtig ist auch die Himmelsrichtung.

Für den Bestandsplan und alle anderen Zeichnungen ist vor

BAUGESUCH
ANSICHT OST

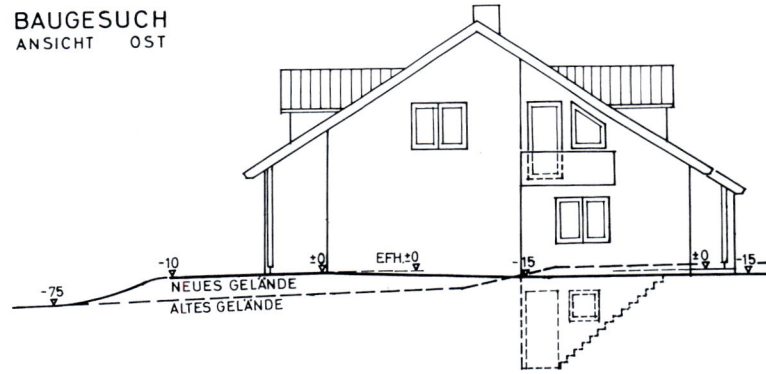

-10 ±0 EFH±0 -15 ±0 -15
-75
NEUES GELÄNDE
ALTES GELÄNDE

▶ *Was muss draußen aufgezeichnet werden?*

Vieles können Sie selbst durchführen, aber für einzelne Arbeiten kann ein Vermessungsingenieur hilfreich sein, oder die Bauleute stellen gegen ein kleines Entgeld ihre Geräte zur Verfügung.

Zuerst wird der **äußere Bestand**, also Bäume und Sträucher des Nachbarn, vorhandene Einfriedungen und alles was für den Garten von Bedeutung, aber nicht beeinflussbar ist, aufgenommen. Im Bestandsplan auf Seite 14 wird das durch die blaue Farbe markiert.

▼ Oben: Beispiel für Höhenmessung auf kurze Distanz mit Waaglatte. Unten: Beispiel für Höhenmessung auf weite Distanz mit Nivellierinstrument.

Beachten Sie auch unansehnliche Nebengebäude oder eventuelle störende Einblicke, um später bei der Planung darauf reagieren zu können. Wenn die angrenzenden Grundstücke nicht betreten werden dürfen, müssen Sie das Wichtigste aus der Entfernung schätzen.

Als nächstes wird der **innere Bestand** festgestellt (im Bestandsplan Seite 14, rote Farbe). Für Geländeanschlüsse gilt: Steht das eigene Haus bereits, kann verglichen werden, wie die Geländeanschlusshöhen der Nachbargrundstücke liegen, ob höher oder tiefer als der Erdgeschossgartenausgang, weil diese Grenzhöhenpunkte unveränderliche Zwangspunkte sind. Ist die Distanz zwischen Haus und Grenzpunkt gering, kann mit langer Latte, Wasserwaage und einzelnen Pfosten die Höhendifferenz ermittelt werden. Auf

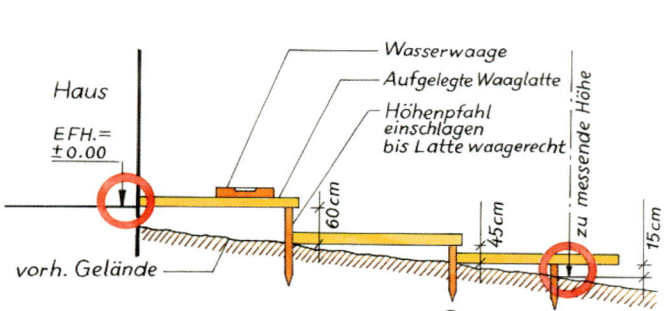

Addition der Punkte A(60cm), B(45cm), C(15cm) ergibt wahre Höhendifferenz von – 120 cm

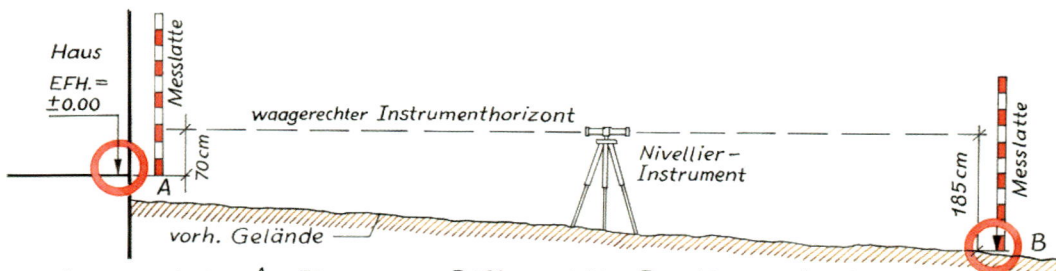

Differenzhöhe A = 70 cm von Differenzhöhe B = 185 cm abziehen ergibt wahren Höhenunterschied von – 115 cm

Höhenmessungen

Das benötigen Sie:
- Klappmeterstab 2 m lang oder Bandmaß (für größere Distanzen)
- Wasserwaage
- Lange Latte, Hammer und kurze Pfähle für Höhenmessungen im Gelände
- Eventuell ein Nivelliergerät

weiteren Strecken ist es allerdings nur mit einem Nivelliergerät möglich und kann von einem Vermessungsingenieur ausgeführt werden. Immer ist die Erdgeschossfußbodenhöhe = ± 0,00. Von da aus rechnen sich in cm alle Geländehöhen des Grundstücks nach + (Plus) also höher oder - (Minus) also tiefer. Damit ergibt sich ein Bezugssystem zum Haus, mit dem sich später sicher und zuverlässig planen lässt. Einzumessen sind auch erhaltenswerte Bäume und Sträucher oder Schachtdeckel der Kanalisation, denn diese liegen fast nie dort, wo der Bauplan sie ausweist. Auch um das Haus sollten Sie kritisch herumgehen. Regenfallrohre, Lichtschächte und vieles mehr sind nicht immer planmäßig gebaut.

Nun müssen Erkenntnisse für die Gartenplanung aus der Bestandsaufnahme genauer ge-

wonnen werden (Bestandsplan Seite 14, grüne Farbe). Wie hoch müssten Abschirmungen vor Einblicken sein? Können Grenzen zum Nachbarn stellenweise offen bleiben? Wo und wie soll etwas verdeckt werden? Gibt es am Haus Höhendifferenzen, für die Mauern oder Stufen erforderlich sind? Wo sind Erdabtrag bzw. -auffüllung nötig?

Sind alle diese Informationen gesammelt und im Bestandsplan vermerkt, haben Sie eine gute Bewertungsunterlage, die Sie während des folgenden Planungsprozesses begleitet.

◀ Mit dem Nivelliergerät lassen sich auf große Entfernungen die Geländehöhen genau feststellen.

▼ Das Bandmaß zur Längenmessung auf große Distanz und die Wasserwaage zur Höhenmessung auf kurze Distanz.

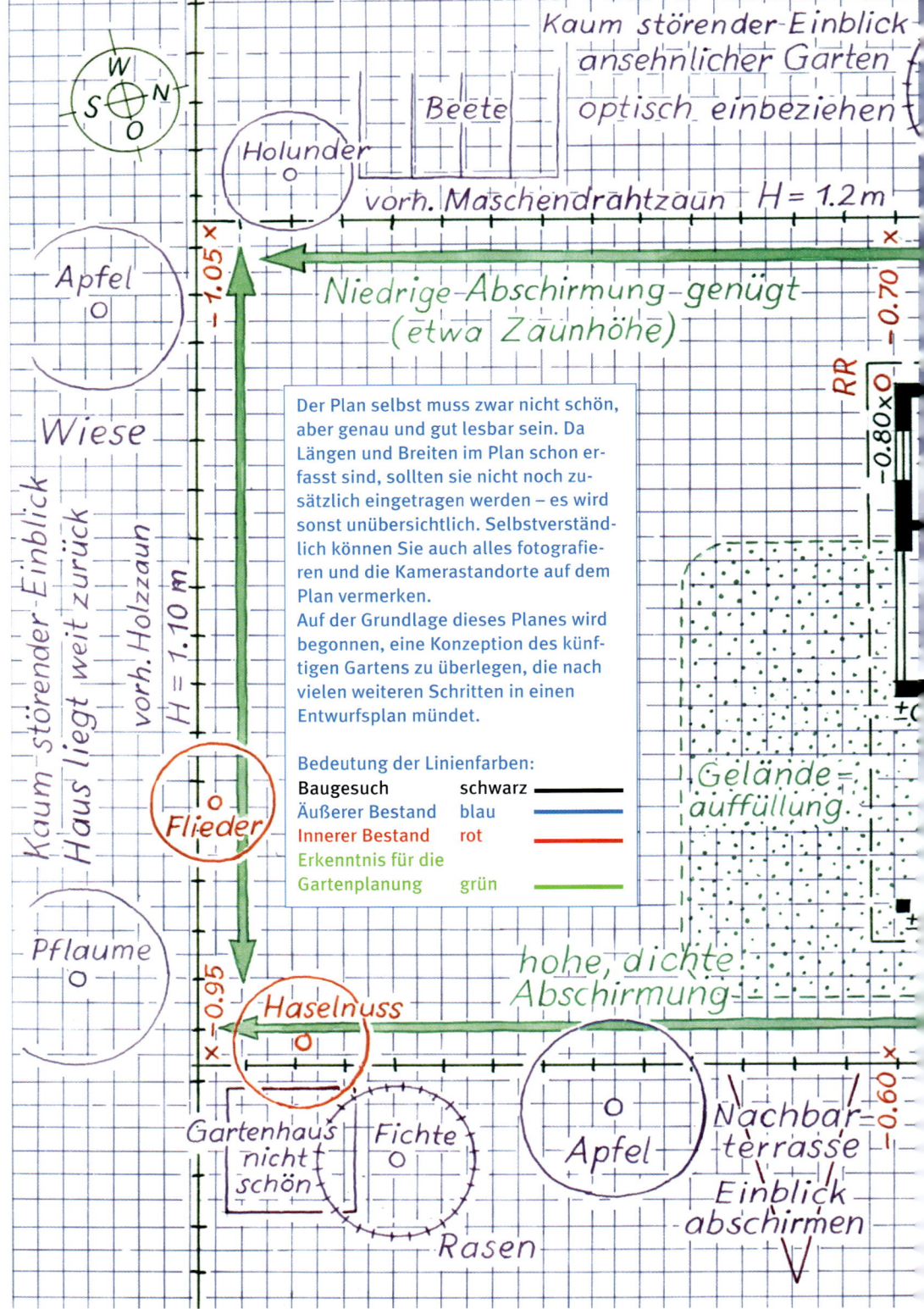

14

Kaum störender Einblick
ansehnlicher Garten
Beete   optisch einbeziehen

Holunder

vorh. Maschendrahtzaun   H = 1.2 m

W N S O

Apfel

Niedrige Abschirmung genügt
(etwa Zaunhöhe)

– 1.05 ×

– 0.70 ×

RR

– 0.80 × O

Wiese

Kaum störender Einblick
Haus liegt weit zurück

vorh. Holzzaun
H = 1.10 m

Der Plan selbst muss zwar nicht schön,
aber genau und gut lesbar sein. Da
Längen und Breiten im Plan schon erfasst sind, sollten sie nicht noch zusätzlich eingetragen werden – es wird
sonst unübersichtlich. Selbstverständ-
lich können Sie auch alles fotografie-
ren und die Kamerastandorte auf dem
Plan vermerken.
Auf der Grundlage dieses Planes wird
begonnen, eine Konzeption des künftigen Gartens zu überlegen, die nach
vielen weiteren Schritten in einen
Entwurfsplan mündet.

Bedeutung der Linienfarben:
Baugesuch	schwarz	▬▬▬
Äußerer Bestand	blau	▬▬▬
Innerer Bestand	rot	▬▬▬
Erkenntnis für die		
Gartenplanung	grün	▬▬▬

Geländeauffüllung

Flieder

Pflaume

– 0.95 ×

Haselnuss

hohe, dichte
Abschirmung

– 0.60 ×

Gartenhaus
nicht
schön

Fichte

Apfel

Nachbar-
terrasse

Einblick
abschirmen

Rasen

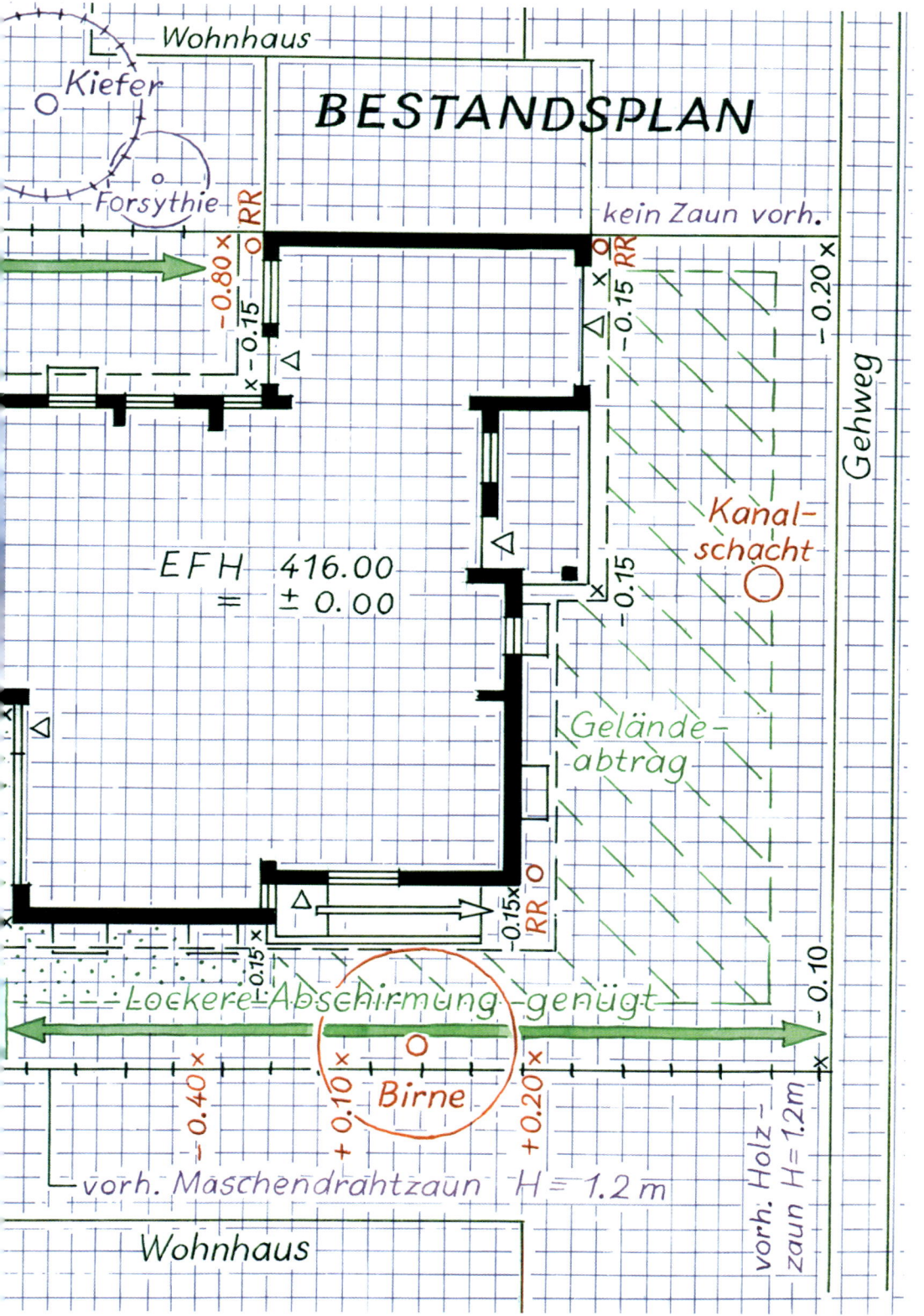

Kapitel 2

Fragen stellen –
Antworten suchen

▶ Wo kann ich Anregungen finden?

▶ Wie soll der Garten genutzt
werden?

▶ Habe ich genug Zeit für den
Garten?

▶ Welche Pflanzen wähle ich aus?

▶ Wo kann ich Anregungen finden?

Mit dem Sammeln von Ideen, Anregungen und Vorschlägen kann nicht früh genug begonnen werden, damit sich allmählich das Sinnvolle und für die Verhältnisse Richtige herausschält.

Unzählige Zeitschriften zum Thema, teure Gartenbücher mit Hochglanzfotos und flotten Texten mit dem Versprechen, dass alles ganz leicht geht und einfach ist, sind überall zu haben. Sie bieten eine ungeheure Fülle an Motiven und Erscheinungsformen, auf Grundstücken, die mit dem eigenen kaum Ähnlichkeiten aufweisen, dazu alles exzellent gepflegt und meist schon eingewachsen. Kaum etwas ist übertragbar, es würde nur ganz selten auf die eigene Situation passen. Dabei gibt es in einigen Büchern gute Anregungen, aber die notwendige Transformation der Bilder in anwendbare Auswertungen überfordert den Laien in der Regel. Auch wird schnell klar: Wer nicht recht weiß, welchen Garten er will, wird angesichts der verführerischen bunten Fotos noch unsicherer. Es wird auch fast nie verraten, welche Kosten

▼ In botanischen Gärten sind die Pflanzen etikettiert und somit bestimmbar. Das erleichtert das Kennenlernen.

entstanden sind, wie die Anfänge waren und wie viel Zeit und Geld aufzuwenden ist, um die Gärten im abgebildeten Zustand zu erhalten. Freunde und Bekannte zu Rate zu ziehen kann nützlich, aber auch problematisch sein, denn unterschiedliche Gestaltungsauffassungen, Geschmacksfragen oder gegensätzliche Gartenerfahrungen tragen nicht immer zur Klärung bei. Trotzdem will ich niemand von beflügelnden Illusionen abhalten. Sie haben auch ihr Gutes: Die kritische Beschäftigung und wachsende Vertrautheit mit Gartenfragen.

Der Blick in andere Gärten ist immer nützlich und hilfreich. Unzulänglichkeiten und Fehler offenbaren sich im Vergleich unmittelbar. Um wenigstens oberflächlich kennen zu lernen, wie etwas wächst und wie Pflanzen heißen und zusammenpassen, ist neben Parks zum Besuch botanischer Gärten und Gartenschauen zu raten, weil hier die Pflanzen in der Regel etikettiert und die Wuchsgrößen erkennbar sind. Im Pflanzencenter ist alles gleich klein, die dynamische Entwicklung nicht erkennbar. Farbig bebilderte Pflanzenkataloge von Baumschulen und Staudengärtnereien helfen auch

weiter, wenn die Pflanzengestalt erkennbar ist.

Spannend wird es spätestens dann, wenn das maßstäbliche Aufzeichnen des Wunschzettels beginnt. Denn wohin mit den vielen Ideen, Anregungen, Wünschen, Träumen angesichts des kleinen Grundstückes? Da hilft nur beschränken, überlegt auswählen, auch konsequent weglassen, eben Prioritäten setzen, wie im normalen Leben auch. Sie werden sehen, es ist ein gangbarer guter Weg und je einfacher Sie planen, umso schöner wird es. So gesehen ist das Selbstentwerfen ein Stück kreative Lebenserfahrung zwischen Traum und Wirklichkeit. Ein Vorteil auch: Es ist ja alles noch auf der Papierebene, kostet keine Investitionen. Sich viel Zeit für die Planung nehmen ist besser, als überstürzt mit der Ausführung beginnen zu wollen. Was werden soll, muss reifen können. Nach-Denken wird zum Voraus-Denken. Alles zu Papier gebrachte muss sich zu gedanklich vorstellbaren Bildern formen, von denen man selbst überzeugt ist. Das braucht Zeit, vor allem, wenn es Ihr erster Garten ist und kritische Erfahrungen erst mühsam zu sammeln sind.

▲ Bäume dicht am Haus machen nur Sinn, wenn sich die Krone frei über dem Dach entfalten kann. Wird dies vernachlässigt, drohen Reibungsschäden an der Fassade oder der Baum muss einseitig verstümmelt werden.

▶ *Wie soll der Garten genutzt werden?*

Nur der Gartenerfahrene weiß einigermaßen sicher, was er alles braucht. Wer das nicht ist, sollte den Garten nicht bis in die letzte Ecke verplanen, sondern nur das zur Zeit Notwendige vorsehen.

Wenn die Familie erst einmal im Haus und Garten wohnt, ergeben sich fast immer weitere Ansprüche an den Freiraum. Darüber hinaus verändert der Garten auch die Bewohner. Es tauchen Liebhabereien und Bedürfnisse auf, an die niemand dachte und die vorher nicht einschätzbar waren. Deshalb sollten Sie die Spielräume für die Entfaltung eventueller künftiger Tätigkeiten nicht zu sehr einengen. Aber auch umgekehrt müssen Reduktionen möglich sein. Später schrumpft die Familiengröße, das Lebensalter steigt, die Kräfte lassen nach, eventuelle Krankheiten verringern das Engagement, ein Interessenwandel setzt ein. Gartenumgestaltungen, um den Betreuungsaufwand zu reduzieren, hat es immer gegeben.

Aber soweit ist es ja noch nicht. Alles steht am Anfang. Und auf Fragen müssen Antworten für Inhalt und Nutzung gefunden werden!

Was will ich im Garten tun?

- Ständig Neues pflanzen?
- Gartenzwerge oder Kunstähnliches sammeln?
- Kinder hüten?
- Nur träumen?
- Fische halten?
- Immer etwas bauen?
- Schwimmen?
- Viel Sonne genießen?
- Blumen und Kräuter kultivieren?
- Vögel füttern?
- Hasen züchten?
- Tomaten ernten?
- Feste feiern?
- Oder gar nichts tun?

■ EINE WUNSCHLISTE AUFSTELLEN

Ein Garten wird nicht für den Moment, sondern für eine lange Zeit geplant. Bevor Sie Ihre Wunschliste für alles Nötige und Wichtige im Vor- und Wohngarten aufstellen, bedenken Sie, dass zwei Grundsatzentscheidungen zu treffen sind: Was soll im Garten stattfinden und welches Erscheinungsbild wird von ihm erwartet? Ziel muss stets sein: Ein Garten für den täglichen Gebrauch.

Wie soll der Garten aussehen?

- Streng geordnet – regelmäßig? Klassisch: Symmetrisch – geschnitten?
- Fernöstlich: Bühnenhaft – statisch?
- Naturnah – locker?
- Bauerngarten ähnlich?
- Chaotisch, zufällig, nie fertig?
- Alles kann wildnishaft überbordend wachsen?
- „Deutscher Wald" oder exotische Pflanzensammlung?
- Gartenzwergidylle?
- Alle Pflanzen in Töpfen, Kübeln, Trögen – also mobil?
- Ein Wassergarten?

1 Was wird auf Dauer und sofort gebraucht? (z. B. die Hecke, geschnitten oder auch freiwachsend, als Sicht- und Windschutz entlang der Grundstücksgrenzen.)

2 Was wird nur für einen gewissen Zeitraum gebraucht (z. B. Kinderspieleinrichtungen) oder kann leicht unter veränderten Verhältnissen entfallen (z. B. Beete, Tierhaltung)?

3 Was kann später noch hinzukommen, das zwar wünschenswert aber noch nicht finanzierbar (z. B. Gewächshaus) oder gefährlich ist (z. B. Wasserbecken bei Kleinkindern)?

Wunschzettel

▶ Anhand dieser „Check-
liste" können nicht nur die
zeitliche Nutzung, sondern
auch die verschiedenen
Nutzungsbereiche im
Garten bestimmt werden.
Innerhalb dieses selbst-
gesteckten Rahmens kann
nun weitergearbeitet
werden.

	Auf Dauer angelegt muss sein	Zeitlich befristet sollte sein	Später möglich kann sein
Vorgarten:			
Hauszugang	X		
Garagenzufahrt	X		
Zusätzlicher Parkplatz		X	
Fahrräder		X	
Mülltonnenplatz	X		
Beleuchtung der Zugänge	X		
Gießwasseranschluss	X		
Einfriedung für den Vorgarten			X
Wohngarten:			
Grenzgest. und Sichtschutz	X		
Einfriedung ringsum	X		
Feste Wege	X		
Terrasse am Haus	X		
Weitere Sitzplätze			X
Pergola oder Schutzdach			X
Nutzgartenbeete für:			
Kräuter, Gemüse, Beeren		X	
Obstbäume	X		
Kompostplatz	X		
Gewächshaus			X
Wäschetrockner	X		
Spieleinricht. für Kinder		X	

	Auf Dauer angelegt **muss sein**	Zeitlich befristet **sollte sein**	Später möglich **kann sein**
Geräteraum	X		
Beleuchtung			X
Gartengrill		X	
Gießwasseranschluss	X		
Gartenteich			X
Steingarten			X
Blütensträucher	X		
Hecken	X		
Stauden	X		
Rasen	X		
Wiese			X

■ FUNKTIONSSKIZZE DER NUTZUNGSBEREICHE AUFZEICHNEN

Um Gliederungen darzustellen und Flächengrößen abzuschätzen sowie die richtige Lage und Zuordnung untereinander zu bestimmen, brauchen wir eine Funktionsskizze (Seite 24).

Dazu legen Sie einfach ein Transparentpapier auf den Bestandsplan und zeichnen grob mit Bleistift die Nutzungsbereiche ein. Farbig ist der Beispielplan nur zur besseren Übersicht. Arbeiten Sie auf transparentem Papier, damit Sie immer durchsehen, was vorher auf einem anderen Blatt gezeichnet wurde. So ist ein direkter Vergleich möglich. Das Transparentpapier gibt es beim Zeichenbedarfshändler in DIN A 4- und DIN A 3-Blöcken. Mit dieser Funktionsskizze gewinnen Sie eine erste Übersicht und Kontrolle über das, was im Garten unterzubringen ist und wie es möglichst ohne gegenseitige Beeinträchtigungen zusammenpasst. Damit ist ein weiterer wichtiger Schritt getan. Hier spielt bereits die Zeitfrage der Gartenpflege mit. Davon mehr auf Seite 26.

Funktionsskizze für Nutzungsbereiche

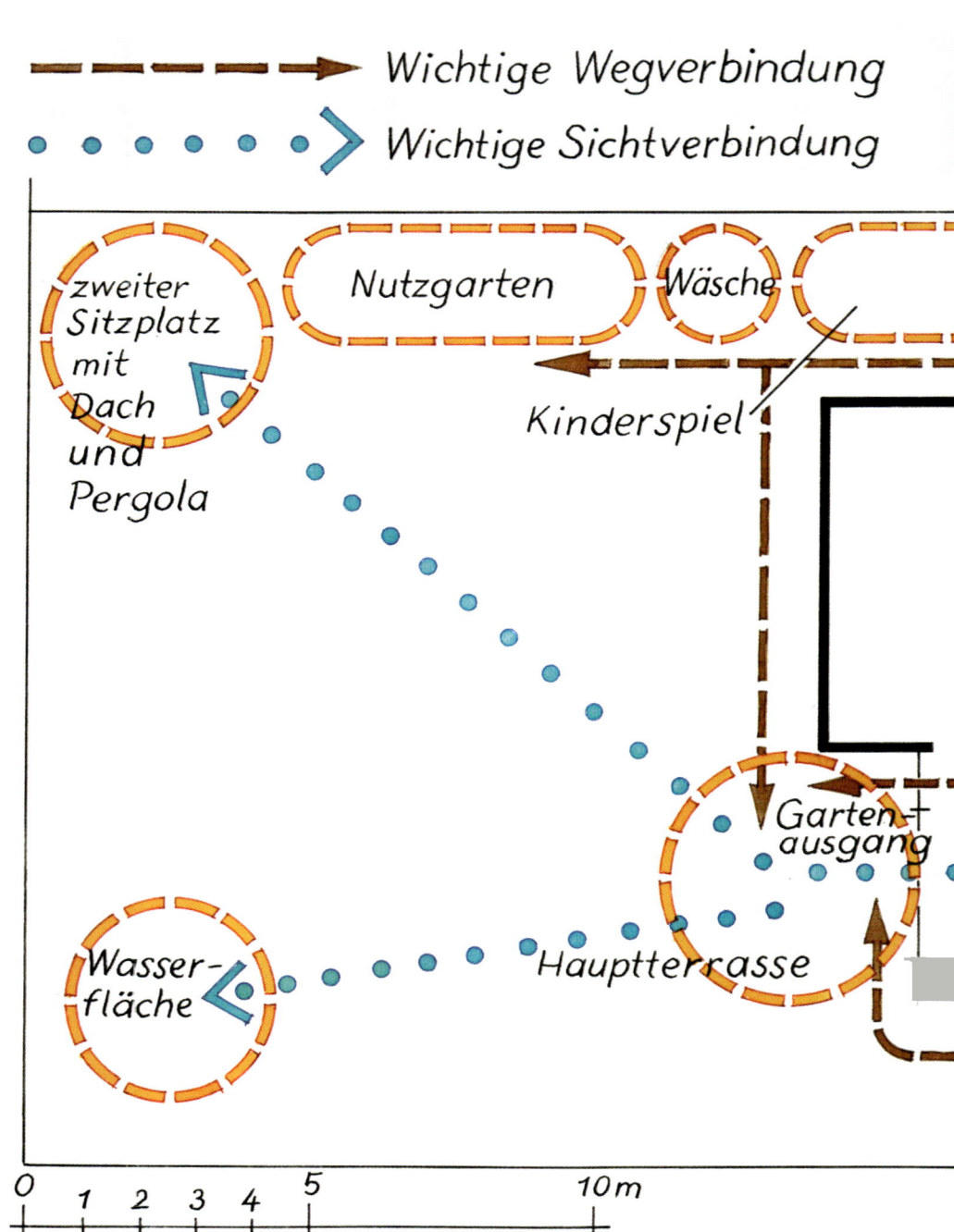

Wichtige Wegverbindung

Wichtige Sichtverbindung

zweiter Sitzplatz mit Dach und Pergola

Nutzgarten

Wäsche

Kinderspiel

Gartenausgang

Wasserfläche

Hauptterrasse

0 1 2 3 4 5   10 m

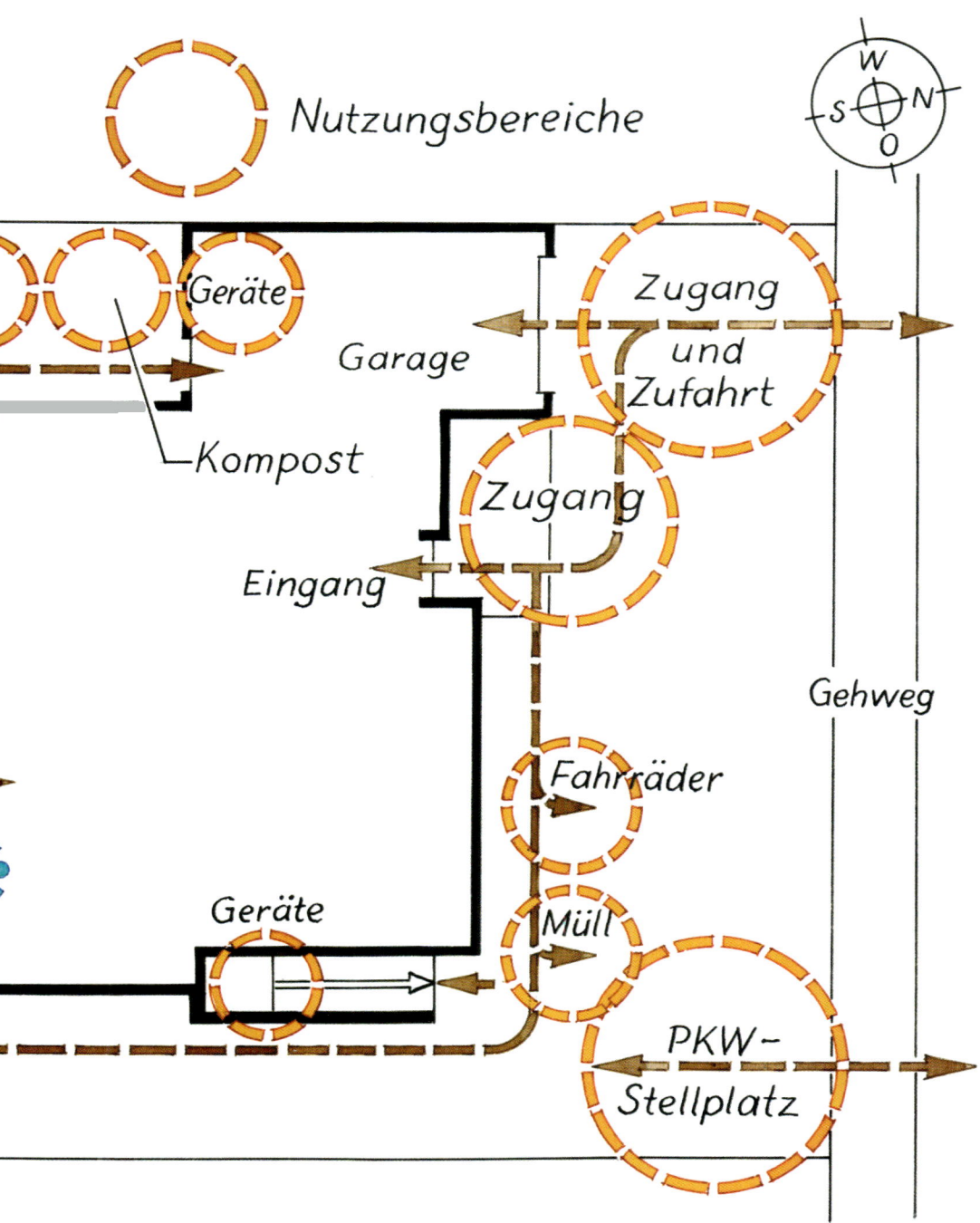

Nutzungsbereiche

Geräte

Garage

Kompost

Zugang und Zufahrt

Zugang

Eingang

Gehweg

Fahrräder

Geräte

Müll

PKW-Stellplatz

▶ *Habe ich genug Zeit für den Garten?*

Im Unterschied zum Wohnhaus, dessen Pflegeaufwändungen nahezu konstant bleiben, wenn das Haus erst einmal bezogen und eingerichtet ist, verändern sich die Arbeiten im Garten.

Zwischen den anfänglich noch kleinen Pflanzen muss viel offene Fläche bearbeitet werden, Korrekturen der Pflanzungen kommen hinzu. Später ist vermehrte Wachstumskontrolle notwendig.

Generell ist es günstiger, wenn man möglichst täglich oder wöchentlich, regelmäßig über das Vegetationsjahr verteilt, etwas Pflegezeit verfügbar hat.

Eine alte Faustregel nennt je Quadratmeter Garten pro Jahr eine Stunde Arbeitszeit, wobei es im Frühjahr und Herbst auch etwas mehr werden kann. Dieser natürlich nur sehr grobe Richtwert kann im Einzelfall völlig anders liegen. Wird Wert auf Selbstversorgung mit Gemüse gelegt, erfordert das nicht nur viel Fläche: etwa $20 \, \text{m}^2$ pro Person. Bei einer vierköpfigen Familie kann ein solcher Garten auch enorm viel Arbeitsaufwand bedeuten. Gärten unserer Zeit müssen auch vertragen, wenn die Besitzer für

längere Zeit in Urlaub gehen. Viele verschiedene Freizeitinteressen schränken das Zeitbudget für den Garten ebenfalls ein.

Den Garten pflegen heißt nicht, ihn zu putzen, blitz-blank sauber zu machen und steril zu ordnen. Trotzdem: Selbst wenn das nicht angestrebt wird, muss vor einer Überschätzung der eigenen Zeit und Kraft gewarnt werden, vor allem, wenn es sich um den ersten eigenen Garten handelt. Es hat allerdings auch schon Leute gegeben, bei denen der Garten zur Leidenschaft wurde und die alle bisherigen Freizeitinteressen verkümmern ließen. Somit ist keiner sicher, wie der Garten ihn verändert.

Wer unsicher in Bezug auf die verfügbare Zeit für die Gartenbetreuung ist, sollte bescheiden anfangen und mit einfachen unproblematischen Pflanzungen und wenigen Zutaten den Garten gestalten. Im Normalfall müssen gärtnerische Grundkenntnisse erst mühsam über Versuch und Irrtum erlernt werden. Außerdem verlangt eine wirksame Gartenpflege Beobachtung und Einfühlungsvermögen, um künftige Einwicklungen

▲ Ein Garten mit jährlich mehrmals zu bepflanzenden Beeten erfordert mehr Zeitaufwand als eine geschlossene Dauervegetation.

richtig einschätzen zu können.
Den Garten mit wachsender
Erfahrung allmählich vervoll-
kommnen und anreichern ist
ein in der Praxis bewährter Weg.
Die Planung dazu sollte aber immer weitreichend gedacht sein,
damit die Anfänge stimmen.

◀ Anfangs sind die Pflanzen klein
und unscheinbar. Damit sich alles
gleichmäßig entwickelt, ist der
Pflegeaufwand hoch.

◀ Mit den Jahren entfallen
manche Arbeiten, andere bleiben
bestehen und neue, beispiels-
weise hier der fantasievolle skulp-
turale Heckenschnitt als Größen-
begrenzung, kommen hinzu.

◀ Später sind stärkere Eingriffe in
den Pflanzenbestand manchmal
unausweichlich. Hier wurden die
zu hohen Birken „geköpft" und
damit leider auch ruiniert. Eine
Totalrodung wäre besser
gewesen.

► *Welche Pflanzen wähle ich aus?*

Die richtige Pflanzenauswahl ist eine Kernfrage für jeden Garten. Damit entsteht erst das Gesicht des Außenraumes, das sich durch jahrelange Pflege vervollkommnet.

Mit der Bepflanzung wird jeder Garten erst zu dem, was er sein soll: Ein lebender Raum. Der Weg einer Pflanzplanung ist immer schwierig, denn Vegetation mit ihrer Dynamik ist nicht leicht zu planen.

Um alle Verflechtungen, Zusammenhänge, Feinabstimmungen und atmosphärische Wirkungen kennen zu lernen heißt es, wäre ein Gärtnerleben zu kurz. Aber lassen Sie sich nicht entmutigen. Versuchen Sie ganz nüchtern, sich über Pflanzenkategorien, ihre Funktionen im Garten und Standortbedingungen einen groben Überblick für wichtige Grundsatzentscheidungen zu verschaffen.

Nicht ausdauernd sind...

■ Einjahresblumen sind Sommerblüher. Ihre Entwicklung verläuft innerhalb eines Jahres vom keimenden Samen im Frühjahr über die sommerliche Blütezeit bis zur Samenreife im Herbst.

■ Zweijahresblumen entwickeln sich im ersten Jahr als junge Pflanzen, blühen und fruchten erst im zweiten Jahr. Danach sterben sie ab, nicht ohne vorher reichlich Samen auszustreuen, die überall, wenn der Boden offen ist keimen. Wenn es lästig wird, muss gejätet werden, aber es sind liebenswerte Vagabunden darunter.

Einjahresblumen

Frühling	Sommer	Herbst	Winter

▲ Jedes Jahr können neue Farbkombinationen das Gartenbild etwas verändern.

Zweijahrsblumen

	Frühling	Sommer	Herbst	Winter
1. Jahr				
2. Jahr				

Ausdauernd sind...

■ Gehölze, also Bäume und Sträucher, bauen sich aus kleinen Anfängen im Laufe der Jahre zu immer größeren Exemplaren auf, mit der Folge zunehmender Verschattung und Wurzelkonkurrenz. Mit Schneiden lässt sich das Wachstum bei einigen Arten etwas steuern.

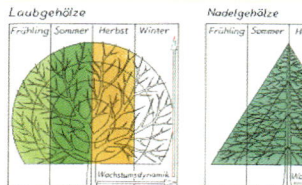 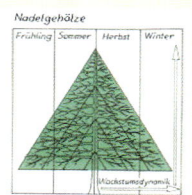

◄ **Die richtige Gehölzauswahl ist ein schwerwiegender Entscheidungsprozess. Korrekturen sind in der Regel nur um den Preis der Verstümmelung oder Rodung möglich.**

■ Stauden unterscheiden sich von den Gehölzen durch krautige, also keine verholzenden Triebe, die im Jahresrhythmus aus einem ausdauernden Wurzelstock wachsen und wieder absterben. Sie bilden im Unterschied zu den Gehölzen eine jährlich gleich bleibende Wuchshöhe.

▲ **Korrekturen sind durch Umpflanzen, Austausch oder Ersatz jederzeit möglich.**

■ Zwiebeln und Knollenpflanzen wachsen ähnlich der Stauden krautig aus dauerhaften Organen (Zwiebel oder Knolle). Ihr oberirdisches Leben währt jedoch nur einige Wochen im Jahr. Vorzugsweise im Frühjahr blühen die meisten Arten, danach verschwindet alles Grüne bis zum nächsten Jahr.

▲ **Eine Ansiedlung erst vornehmen, wenn kein Hacken mehr notwendig ist, sonst überleben sie nicht.**

■ Der Rasen und die Wiese erreichen als ausdauernde Vegetationsdecke jährlich stets die jeweils entwicklungsbedingte gleiche Wuchshöhe, die durch das Mähen immer wieder zurückgenommen wird. Beide bleiben also flächig.

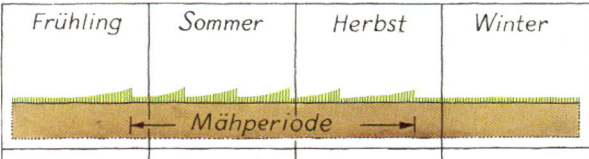

▲ **Grundsätzlicher Unterschied zwischen Rasen und Wiese: Rasen ist grüne Nutzfläche, Wiese ist zum Anschauen.**

Pflanzfehler vermeiden

Hier noch einmal die häufigsten Planungsfehler bei der Pflanzenauswahl und der späteren Bepflanzung:

- Es wird zu viel Verschiedenes gepflanzt und das Ergebnis ist ein Durcheinander.
- Es wird zu dicht gepflanzt und die Pflanzen können sich nicht optimal entwickeln.

- Es wird das Falsche gepflanzt. Entweder zu viel Immergrünes, so dass der Garten düster wirkt und andere Pflanzen schlecht gedeihen, Oder zu viel Baumartiges, das später verstümmelt wird, weil es zu hoch wächst. Auch ist zu raten, nur zusammen zu pflanzen, was gleiche Pflege braucht.

Die ausdauernden Gartenpflanzen sind die wichtigste Kategorie. Sie erfordern einmalige, aber folgenreiche Entscheidungen. Ihre Investition belastet nur einmal am Beginn der Gartenanlage.

Gehölze, Stauden und Rasen prägen den Garten dauerhaft. Ihre Verwendung entscheidet über die Gartenzukunft!

Die nicht ausdauernden Pflanzen sind zwar wenig kostenintensiv, müssen aber jährlich oder zweijährlich neu gekauft werden. Mit ihnen können Akzente gesetzt und Lücken gefüllt werden. Sie sind bei einer langfristig angelegten Gartenplanung nicht relevant.

Auch die Harmonie der Farben ist bei der Pflanzenauswahl von Bedeutung. Entscheiden Sie sich für einen vorwiegend blauen Farbton, bringen Sie kühle Ruhe in den Garten, während Orange- und Rosatöne warm wirken und rosa – rote Blüten romantisch verspielte Akzente setzen. Natürlich sind auch Farbmischungen schön – nur nicht zu viel, um ein großes Durcheinander zu verhindern! Haben Sie Kinder im Haus? Dann sollten Sie auf extrem giftige Pflanzen verzichten.

Das Wichtigste aber bleibt die raumbildende Rahmenpflanzung. Sie schafft Schutz, Ruhe, Intimität im Garten. Ein solch stabiles Grundgerüst langlebiger Gehölze muss in der Regel erst geschaffen werden. Es handelt sich dabei weniger um Gestaltungs-, also um Funktionsfehler (siehe Kasten oben). Letztere sind keine Fragen des Geschmacks, sondern beruhen meist auf der schlichten Unkenntnis, wie etwas zusammengehört. Es wird nicht beachtet, wie sich Pflanzen im Laufe ihres Lebens entwickeln, um miteinander im engen Verbund lange Zeit existieren zu können, ohne sich gegenseitig zu behindern. Das führt immer wieder zu Kahlstellen oder die Rahmenpflanzung wird viel zu hoch. In einer raumbildenden Pflanzung ist die Ordnung des Zusammenhangs wichtiger als die Einzelgestalt. Das wird leider oft übersehen.

■ LAUB ABWERFENDE ODER IMMERGRÜNE GEHÖLZE?

In vielen Gärten kann man immer wieder eine besondere Nadelholz- und Immergrün-Vorliebe für Bäume und Sträucher beobachten, obwohl gerade von reinen Lebensbaum- und blauen Scheinzypressen-Pflanzungen eine wesensfremde Unveränderlichkeit und Steifheit ausgeht. Und alles nur, damit nie jemand reinschaut? Im Winter sitzt ja sowieso niemand im Freien. Manchen stört das Fallaub. Es entsteht aber ein Garten ohne Jahreszeiten, denn im trockenen, immer dunklen, dick mit abgefallenen Nadeln bedeckten Bodenbereich wächst nichts.

Alles wird jedes Jahr ein Stückchen höher und breiter. Es muss trotzdem nicht ganz kahl sein. Einige sparsam eingefügte Eiben- oder Buchsbaumbüsche in der Laubholzpflanzung reichen dafür als winterlicher Blickfang.

Schatten werfende Bäume am Haus sollten immer Laub abwerfend sein, um die Wintersonne

in die Wohnung zu lassen. Stehen sie allerdings zu dicht am Haus, könnten sie schief wachsen und sich an den Mauern reiben. Unsere einheimischen Linden, Eichen und Buchen sind kaum verwendbar. Sie werden

▼ Jahreszeitlich wechselnder Ausblick bei Verwendung von Laubbäumen: Im Frühjahr (hier blühende Zierkirsche), Sommer und Herbst fokussierter Ausblick. Dagegen im Winter durchsichtig und geweiteter Ausblick. Fazit: Sommer dicht – Winter licht.

Beispiel

Baden-Württemberg
- ■ 2 m Grenzabstand bei Vogelbeeren, Zierapfel, Hainbuchen, Zierkirschen, Birken, Obsthalbstämme; 8 m bei Walnuss, Ahorn, Kiefer.
- ■ Für kleine Gärten deshalb nur kleinkronige und sehr wenige, aber gut platzierte Bäume planen.

▲ Der Garten als Bau-
stelle: Stehendes Regen-
wasser, angelieferter Oberboden unbekannter Her-
kunft, dazu noch von un-
einheitlicher Qualität und
Baustofflagerungsreste.
Hier ist intensive Boden-
vorbereitung nötig!

setzen enge Grenzen. Ein weiterer Aspekt ist die Anfälligkeit
für Schädlinge und Krankheiten. Schlecht entwickelte Pflanzen sind besonders anfällig,
wenn Klima- und Bodenverhältnisse ungünstig wirken. Auch
das sollte bereits in die Pflanzplanung mit eingeschlossen werden. Berücksichtigt man alle
Standortfaktoren, lässt sich später der Pflegeaufwand, wie zusätzliche Bewässerung, intensive
Düngung oder ständige Bodenbearbeitung, vielleicht sogar
auch Neukauf und Nachpflan-
zung vermeiden und somit Zeit
und Geld sparen.

Kleinklimatisch lässt sich aber
manches verbessern. So bilden
hohe Mauern geschützte Winkel
für empfindliche Pflanzen. Aber
Windschutz in offener Lage entsteht erst, wenn Hecken groß
genug gewachsen sind.

Der Boden ist in den meisten
neuen Gärten roh, klumpig, ver-
krustet. Abschwemmungen tre-
ten auf, dazu kommen mehr
oder weniger starke Setzungen.
Die Bodenstruktur ist oft
ungünstig, Regenwasser sickert
entweder schnell durch oder
läuft oberflächlich ab. Und die
konstante Bodenfeuchtigkeit
wird beeinträchtigt. Sehr nach-
teilig kann sich Bodenverdich-

alle viel zu groß in den heutigen
kleinen Gärten.

Wichtig für die Pflanzung:
Die nachbarrechtlichen Grenz-
abstände beachten.

■ **Klima- und Bodenver-
hältnisse beachten**

Jetzt ist schon viel durchdacht
und einiges geklärt, aber was ist,
wenn die Pflanzen für die Kli-
ma- und Bodenverhältnisse
nicht geeignet sind?

Das Großklima ist nicht beeinflussbar. Es lohnt sich also
nicht, Hochgebirgspflanzen in
Tieflagen zu verbannen. Vor allem sollte bei der Pflanzenauswahl auf Frosthärte geachtet
werden. Auch trockenheitsver-
trägliche Eigenschaften sind
wichtig. Manche Pflanzen sind
sehr standorttolerant, andere

◄ Ein natürliches Boden-
profil mit dünner Oberbo-
denschicht auf zerklüfte-
tem Fels. Das heißt für die
Planung: Es ist ein trocke-
ner Pflanzenstandort zu
erwarten.

tung im Untergrund durch
Bauarbeiten auswirken. In
lehmigen Böden entsteht dann
Staunässe, die für viele Pflanzen
tödlich sein kann. Mit gärtne-
rischen Maßnahmen lässt sich
einiges verbessern: Die Humus-
qualität kann mit organischen
Beimischungen (Kompost), die
Bodenstruktur durch tiefes Auf-
lockern und Hilfsstoffe (Sand)
angehoben werden. Am besten
schicken Sie einige Bodenpro-
ben an das für Ihre Region zu-
ständige Landwirtschaftsamt,
um Gewissheit über die Nähr-
stoffversorgung der Gartenerde
zu erhalten. Dort erfahren Sie
auch etwas über den Kalkgehalt
und Säurezustand des Bodens,
denn einige Pflanzen, wie Rhododendron, wachsen nicht auf
kalkreichem Untergrund.

Haben Sie ein Hanggelände vor
sich, ist wieder alles komplizier-
ter. Hier drohen bei zu steiler
Lage und wenig sickerfähiger
Bodenstruktur Erosionen durch
oberflächlich abfließendes Niederschlagswasser. Am Hang gilt
als oberstes Gebot, Pflanzungen
immer ausdauernd, langlebig
und Boden stabilisierend anzulegen. Das heißt Vielfalt der
Pflanzenarten und gute Rege-
nerierbarkeit, um gegenseitige
Ergänzung und Wachstumsför-
derung anzustreben. Stets sind
Pflanzen mit gleichen An-
sprüchen an den Standort miteinander zu vereinen.

Für den Gartenlaien ist es
allerdings nicht einfach, Beurtei-
lungsmaßstäbe zu entwickeln.
Deswegen ist hier fachliche
Unterstützung anzuraten.

Kapitel 3

Gestalt und Form finden

▶ Die „Bausteine" und ihr grafisches Planbild

▶ Erste Planskizzen entwerfen

▶ Wie soll ich mich entscheiden?

▶ Der Entwurfsplan

▶ Die „Bausteine" und ihr grafisches Planbild

Ein Plan ist nur dann „zu lesen", wenn die einzelnen Elemente unterscheidbar sind.

Nachdem Sie nun wissen, wie Sie ihren Garten nutzen wollen, kommt der Zeitpunkt, all den Einzelelementen, die entstehen sollen, eine Gestalt zu geben, damit die zeichnerische Darstellung möglich wird. Auf dem Plan sind alle Einzelelemente im Grundriss, das heißt in der Draufsicht von oben darzustellen. Abwandlungen der Symbole sind natürlich möglich. Wichtig ist nur, dass deutliche Unterscheidungen entstehen und die richtigen maßstäblichen Größenverhältnisse getroffen werden. Bei baulichen Teilen sind die Proportionen gut fest zu legen, bei Vegetationsflächen ebenso. Schwierig ist die Gehölzdarstellung. Falsch wäre es, die Bäume, Sträucher und Hecken in der Liefergröße aufzuzeichnen. Aber wie dann?

■ PLANSYMBOLE FÜR „WAND" UND „DACH"

Diese Plansymbole stehen für körperhafte Raumbegrenzungen: „Wand" (seitlich) und „Dach" (oben).

Gehölzgrößen

Welcher Wachstumszustand ist der richtige auf dem Plan?

■ Üblich ist etwa 2/3 der Pflanzengröße zwischen jung und alt. So sollte ein Baum, dessen Krone 5 m breit wird, etwa 3 m breit gezeichnet werden, Sträucher entsprechend. Schnitthecken können gleich auf die geplante Breite gezeichnet werden, weil der Schnitt die Form später konstant hält.

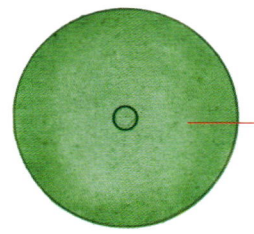

Bäume werden am größten und zählen zum Grundgerüst des Gartens. Ihr Standort soll so ausgewählt werden, dass Bäume alt werden können. Wurzel- und Luftraum müssen der späteren Ausdehnung des Wuchsvolumens entsprechen. Die Gärtner unterscheiden klein-, mittel-, großkronige, schnell- und langsam wachsende Bäume. Die Kronen können aufrecht oder überhängend, dicht geschlossen oder locker ein „Dach" ergeben.

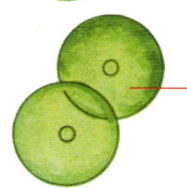

Sträucher bilden mit den Bäumen das gliedernde Pflanzenmaterial für das räumlich wirksame Grundgerüst des Gartens. Dieses muss auf Dauer angelegt sein. Sträucher können einzeln oder in Gruppen stehen, aber auch als dicht geschlossene Grenzpflanzung eine „Wand" bilden. Genaue Kenntnisse über langfristige Entwicklung, Lebensdauer und Schnittverträglichkeit sowie Erscheinungsbild, ob locker und breit, straff-aufrecht, langsam oder schnell wachsend sind unerlässlich.

Freiwachsende Hecken sind Sträucher, die eine „Wand" bilden und ungeschnitten bleiben. Wer von einem lockeren Heckenbild träumt, ist hiermit gut beraten. Allerdings ist ein nachträglicher Formschnitt oft schwierig. Wählen Sie Straucharten, die sich kräftig reduzieren lassen und danach wieder neu austreiben.

Schnitthecken brauchen den wenigsten Platz im Garten, vermitteln aber immer das strenge Erscheinungsbild einer „Wand". Sie können aus Laub abwerfenden oder immergrünen Laubgehölzen bestehen. Von den Nadelgehölzen eignet sich nur die Eibe für den regelmäßigen Schnitt. Ständiger Schnitt, mindestens 1 mal pro Jahr, ist erfor-

derlich, Wuchshöhe und -breite sind dadurch kontrollierbar.

Klettergehölze können an Gartenmauern, Hauswänden oder verbunden mit einem frei stehenden Rankgitter grüne „Wände" bilden. Sie brauchen am wenigsten Bodenfläche im Verhältnis zur Ausbreitung der Pflanzenmasse. Bei der Verwendung ist die Kenntnis der jeweiligen Klettereigenschaften entscheidend für die Art der Kletterhilfen: direkt auf der Wand haftend (Wilder Wein, Efeu), schlingend (Glyzinie, Geißblatt) oder spreizend (Kletterrose).

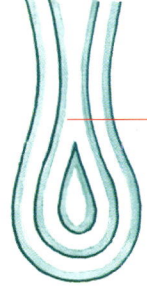

Erdmodellierungen: Mit Baugrubenaushub lässt sich, wenn er nicht gerade felsdurchsetzt ist, das flache Gartengelände wirkungsvoll modellieren. Besonders gegen die Grundstücksgrenze als „Wall" geschüttet, ergeben sich zum Haus hin offene, schalenförmige Mulden, die räumliche Intimität schaffen. Auf dem Papier werden sie als theoretische Höhenschichtlinien, bei unserem Beispiel mit 50 cm Höhenabstand, dargestellt. Liegen die Linien eng beieinander, ist es steil, liegen sie weiter auseinander, wird es

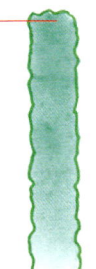

flacher. Alle Übergänge und Kuppen sind bei der Ausführung weich auszurunden.

Mauern können als Geländestützmauern oder frei stehend im Garten gebaut werden. Stützmauern fangen Geländesprünge auf. Frei stehende Mauern bilden „Wände" als Sicht-, Schall- und Windschutz. Sie sind aus Naturstein oder Beton, seltener aus Holz. Frei stehende Mauern dienen auch als Auflage für Pergola oder Schutzdach. Jede Mauerhöhe wird im Plan mit einer Zahl für die Oberkante und einer oder mehreren Geländehöhen vor der Mauer eingetragen. Die zu rechnende Differenz im Grundriss ergibt die Mauerhöhe.

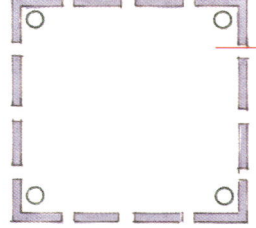

Holzwände und Rankgerüste bieten transparente, luftige Raumabschlüsse mit ausreichendem Sichtschutz je nach Konstruktion. Sie werden aus Holzbrettern oder -latten gezimmert und lassen sich mit Kletterpflanzen beranken. Ein Schallschutz wird aber nicht erreicht.

Pergola: Mit diesem transparenten, halb offenen, den Außenraum leicht begrenzenden Bauwerk lässt sich leichter

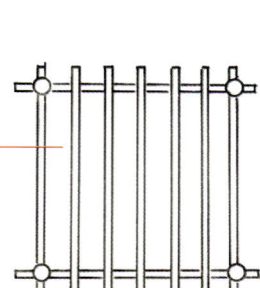

Schatten erzeugen und für Klettergehölze ein optimaler Pflanzplatz herstellen, den wir sonst im Garten nicht hätten. Eine Pergola besteht aus Stützen, Tragbalken (Pfetten) und Decklatten (Sparren). Das Baumaterial ist Holz oder Stahl. Holzkonstruktionen wirken etwas kräftiger, Stahlbauten dagegen graziler.

Schutzdach: Wenn ein überdeckter Sitzplatz sich nicht schon mit dem Haus ergibt (Decken- oder Dachvorsprung, Loggia), ist er mit einem zusätzlichen Dach möglich. Es schützt vor Regen und zu viel Sonne und ist ein räumlich wichtiges Übergangselement. Das Dach kann auf einer Mauer aufliegen oder frei auf Stützen stehen. „Dach" ist auch mit einem Schirm möglich. Er steht mit einer einbetonierten Bodenhülse stabil.

■ PLANSYMBOLE FÜR „BODENFLÄCHE"

Zu dieser Gruppe gehört alles, was sich über die Fläche ausbreitet. Im Vergleich zu aus dem Plan nur fühlbaren Höhendimension der Symbole „Wand" und „Dach" sind die zweidimensionalen Flächen ablesbar.

Plattenbeläge sind großformatige Belagsbauteile, in der Regel 40 bis 60 cm groß. Sie können aus Naturstein oder Betonwerkstein in verschiedenen Oberflächenstrukturen und Farben sein. Es gibt eine breit gefächerte Handelspalette. Ihre Befahrbarkeit ist eingeschränkt (Bruchgefahr), deshalb nicht für Zufahrten verwenden. Raue, rutschsichere Oberflächen sind im Freien wichtig. Plattenbeläge ergeben wenig Fugen und sind somit sehr ebenflächig.

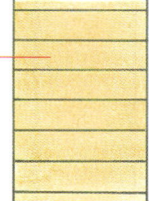

Pflasterungen sind kleinformatiger als Platten, in der Regel 5 bis 20 cm Kantenlänge. Sie sind aus Naturstein, Beton oder Klinker und ebenfalls gut befahrbar. Auch bei diesen Materialien ist ein großes Angebot auf dem Markt. Es ist grundsätzlich zu einfachen Steinformen und zurückhaltenden Farben zu raten. Bei leichten Setzungen gibt es durch die Vielfugigkeit weniger Stolperkanten. Natursteinpflaster ist unregelmäßig und rau. Betonpflaster und Klinker sind präzise geformt und glatt.

Begrünte Steinbeläge sind ebenfalls Pflastersteine aus Naturstein oder Beton. Um Grün einzubeziehen, werden die Steine auseinander gerückt, mit 3 bis 5 cm breiten Fugen verlegt, diese mit Erde verfüllt und Rasen eingesät. Dafür eignen sich nur größere Steine mit 16 cm Kantenlänge, die sicherer liegen. Beim Betonpflaster führt der Baustoffhandel auch Steine mit angegossenen Abstandsnocken. Diese Steine verschieben sich trotz breiter Fugen nicht. So etwas zählt zu den „ökologisch" wirksamen Belägen. Mit gelochten Hartbrandklinkern lassen sich auch grüne Beläge herstellen. Die mit Erde verfüllten und angesäten Perforationen ergeben sehr gleichmäßige grüne Flächen und sind besser begehbar als grüne Pflasterfugen.

Kiestraufe: In Trockenzonen unter den Dachvorsprüngen sollte die Erde mit Kies abgedeckt werden. Rundkorn in der Größe 16/32 mm ist empfehlenswert. Zu große Steine bilden keine Fläche und haben zu viele Zwischenräume. Diese sind nur aufwändig sauberzuhalten.

Stufen müssen eingebaut werden, wenn die Gehflächen zu steil werden. Diese sind in der Regel aus dem gleichen Material Naturstein oder Beton, mög-

lichst nicht höher als 15 cm. Die Auftrittfläche muss rau und trittsicher sein. Der Pfeil auf dem Plan zeigt stets die Richtung bergauf an.

Rasen und Wiese: Hier ist zu unterscheiden: Rasen ist grüne Nutzfläche, Wiese ist nur zum Anschauen. Rasen besteht aus vielen Gräserarten mit Blütenpflanzen dazwischen (z. B. Gänseblümchen, Veilchen, Ehrenpreis), die den dauernden kurzen Schnitt vertragen. Im Wohngarten, der für Bewegung und Spiel genutzt wird, ist Rasen der Wiese vorzuziehen. Wiese ist eine hochdifferenzierte Kräutergemeinschaft mit wenig Gräsern, mit Blütenhöhepunkten und jahreszeitlich sich wandelndem Bild. Sie wird etwa 2-mal im Jahr gemäht (Juni und September), Rasen dagegen regelmäßig von April bis September, etwa 14-tägig.

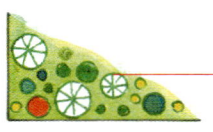

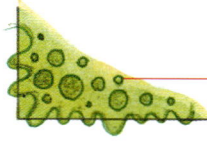

Nutzpflanzenbeete sind offene Flächen für Gemüse, Kräuter, Einjahresblumen, Beerenobst, die intensiv bearbeitet sind und zum Teil jährlich mehrmals neu bepflanzt werden. Sie liegen im Winter bis auf Dauerkulturen (Erdbeeren, Beerensträucher) brach. Je nach Bedarf ist

Flächenexpansion oder Flächenstilllegung leicht möglich.

Stauden sind ausdauernde krautige Pflanzen, aus deren Wurzelstock jährlich oberirdische Triebe wachsen und im Herbst absterben.

Beet- oder Prachtstauden sind züchterisch hoch entwickelte, meist farbenprächtige Blütenpflanzen mit großer Schmuckwirkung. Sie eignen sich für offene, nicht zu große Flächen wegen hoher Pflegeansprüche (Rittersporn, Sonnenhut, Phlox, Astern). Kombinationen mit Beetrosen sind möglich. Pflanzdichte etwa 5 bis 7 Stück/m^2.

Wildstauden sind ohne züchterische Bearbeitung mit ihrem natürlichen Aussehen und ursprünglichen Standortbedingungen in den Garten gekommen. Sie bieten sich für naturnahe Pflanzungen an und stellen eine besondere Landschaftsbezogenheit her. Durch das flächige, ineinander verzahnte, den Boden dauerhaft bedeckende Wachstum ist die Pflege im eingewachsenen Zustand gering. Gehölzränder in Sonne und Schatten sind bevorzugte Pflanzzonen. Hierzu zählen Waldsteinien, Immergrün, Elfenblume, Steinsame, Storchschnabel. Pflanzdichte etwa 10 bis 12 Stück/m².

Steingärten sind eine begehrte Rarität, aber sehr pflegeintensiv und im nahezu ebenen Garten auch fehl am Platze. Aber mit einem erhöhten Rand aus trocken aufgeschichteten Natursteinen lassen sich Pflanzflächen für geeignete Wachstumsbedingungen (nicht zu nass, gute Besonnung, magerer Boden) abgetrennt vom übrigen Garten künstlich herstellen. Auch gestalterisch wirkt eine geometrisch geordnete Form an der richtigen Stelle im Garten akzeptabel.

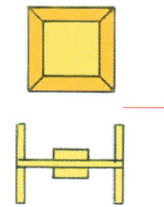

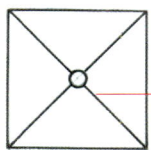

■ PLANSYMBOLE FÜR „SONSTIGES"

Hierunter fallen zusätzliche Einrichtungen im Garten wie etwa ein Kompostplatz oder ein Wäschetrockenplatz.

Kompostplatz: Am besten geeignet sind dafür im Handel erhältliche Holz- oder Drahtumrandungen. Alles Pflanzliche vom Garten und aus dem Haus kann kompostiert werden. Fertiger Kompost fällt jährlich an,

wird im Herbst durchgesiebt und auf Vegetationsflächen, vorwiegend Pflanzungen, verteilt. Will man Kompost als Blumenerde verwenden, muss er 1 bis 2 Jahre gelagert werden.

Kinderspieleinrichtungen:

Für den Sandplatz genügt es, eine kleine Mulde auszugraben, ein Filtervlies einzulegen und mit einem lose aufgestellten Holzrahmen zu begrenzen. Gefüllt werden kann mit gewaschenem Flusssand. Eine Schaukel braucht viel Sicherheitsabstand in der Bewegungsrichtung. Wählen Sie eine stabile, aber nicht zu plump wirkende Ausführung. Die Spielgeräte sollen später leicht zu beseitigen sein.

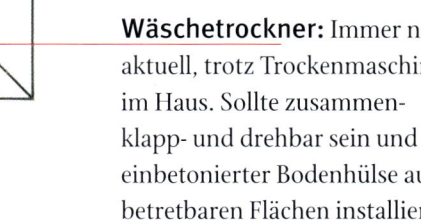

Wäschetrockner: Immer noch aktuell, trotz Trockenmaschine im Haus. Sollte zusammenklapp- und drehbar sein und mit einbetonierter Bodenhülse auf betretbaren Flächen installiert werden.

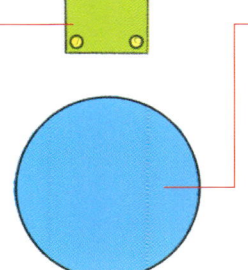

Gartenteich: Berechnen Sie für den Teich eine größere Fläche, denn Wasserpflanzen wachsen kräftig und die Wasserfläche wirkt dann zu klein. Der Gartenteich sollte flache Ufer haben und frostfrei an einer

Stelle mindestens 1 m tief sein. Wenn kleine Kinder da sind, sollten Sie den Standort vorsehen, aber erst später bauen.

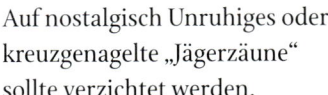

Gewächshaus: Es sollte sich an andere Bauten anlehnen oder am Gartenrand stehen. Sonniger Standort, mit der Achse in Nord-Süd-Richtung ist wichtig. Überlegen Sie sich vorher die Verwendung: Überwinterung von Kübelpflanzen? Orchideenzucht? Nur Tomaten im Sommer? Zierpflanzen ganzjährig kultivieren? Danach richtet sich die Investition und der Betriebsaufwand. Lassen Sie sich von Fachfirmen beraten. Heizung und Wasseranschluss sollten schon bedacht werden.

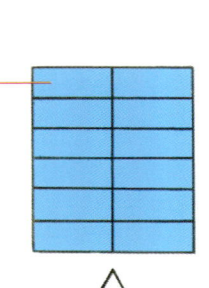

Gartengrill: Möglichst nicht fest einbauen, sondern als bewegliches Inventar vorsehen. Oft merkt man erst im Nachhinein wo der beste Platz ist (Rauchentwicklung, Gerüche, Wind).

Einfriedungen sind in der Regel Zäune. Maschendraht genügt, wenn er in der Pflanzung verläuft und wenig sichtbar ist. Holzzäune mit senkrechten Latten sind immer schön und dort gut, wo sie frei stehen.

Auf nostalgisch Unruhiges oder kreuzgenagelte „Jägerzäune" sollte verzichtet werden.

Beleuchtung ist für die täglichen Zugangswege unerlässlich. Die Beleuchtungskörper sollten tagsüber unauffällig, das heißt niedrig, möglichst schlank und farblich neutral sein. Aber nachts muss das Licht stimmen, blendfrei nach unten leuchten und eine weite Streuung haben. Der Wohngarten muss nicht unbedingt beleuchtet werden. Günstig ist aber der hausnahe Bereich. So wirkt der Garten aus dem Haus gesehen nicht wie ein schwarzes Loch. Lichtinszenierungen mit temporären Scheinwerfern sind darüber hinaus immer möglich, in einem älteren Garten mit ausgewachsenem Pflanzenbestand aber viel effektvoller.

▲ Beispiel für eine hausnahe Gartenbeleuchtung. Innen und Außen fließen auch nachts ineinander.

Alle bisher dargestellten und er-
läuterten grafischen „Bausteine"
werden Sie in den folgenden
Zeichnungen bis zum Entwurfsplan auf Seite 58/59 wieder finden. Wie wichtig eine verbindli-
che Darstellung der Symbole in
der „Handschrift" des Entwurfs
für die Lesbarkeit eines Planes

ist, soll die folgende Sammlung
verschiedener Gartenentwürfe
zeigen. Trotz völlig voneinander
abweichender Grundstücks-
und Haussituationen wird dank
einheitlicher Grafik verglei-
chend verdeutlicht, was jeweils
ausgesagt werden soll und wie
die Inhalte zu verstehen sind.

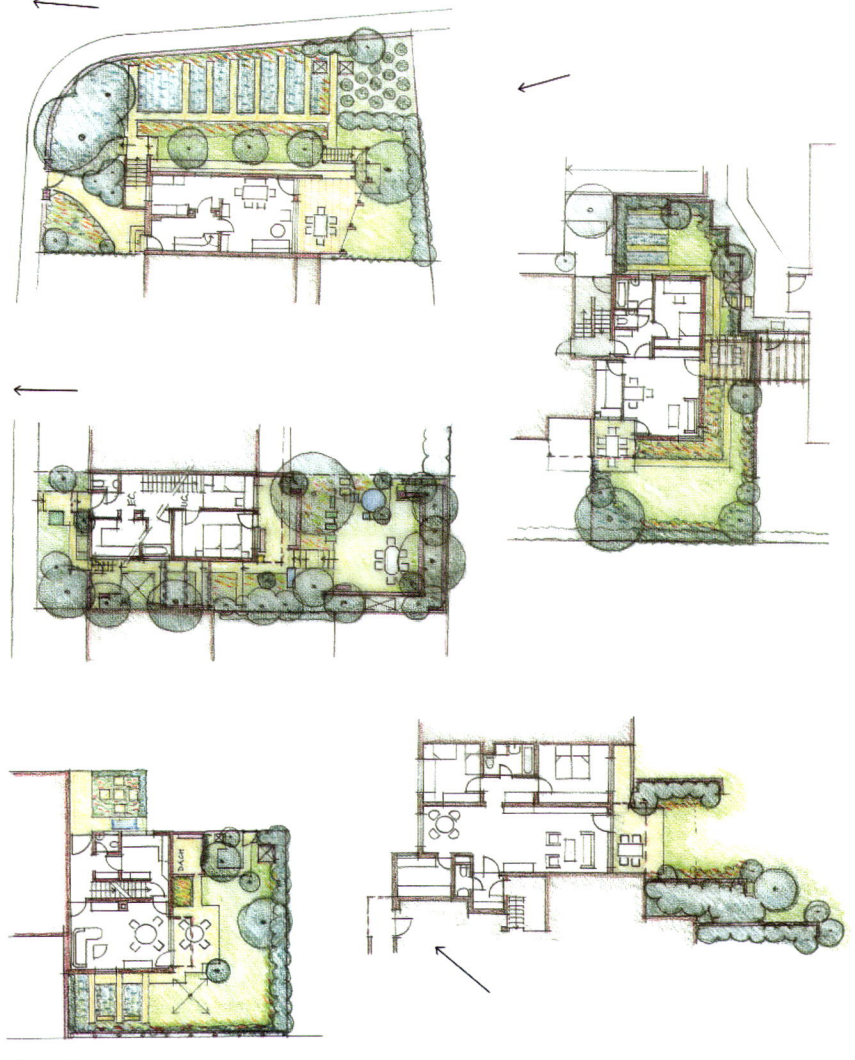

▶ *Erste Planskizzen entwerfen*

Entwerfen ist komplexes Denken und Handeln. Es muss vieles zugleich überlegt werden. Selten passt alles zusammen. Abwägungsentscheidungen sind unumgänglich, um Prioritäten zu setzen.

Jetzt ist der Zeitpunkt gekommen, all den Dingen eine Gestalt zu geben und eine Form zu finden. Fläche und Raum müssen dabei eine Einheit bilden, nicht nur auf dem Plan, sondern auch in der späteren Realität. Es wird jetzt also richtig konkret. Sie kennen den Bestand, haben die Nutzungen einschließlich ihrer Anordnung auf dem Grundstück überlegt und wissen, wie die einzelnen Gartenelemente grafisch auf dem Plan darzustellen sind. Sie sind sensibilisiert, um Gestalt und Form zu entwickeln. Das Zeichnen wird zu einer Art des Nachdenkens mit dem Stift, um die Vorstellungskraft zu trainieren und ein Gefühl für die Zusammenhänge und gegenseitigen Abhängigkeiten des Ganzen zu entwickeln.

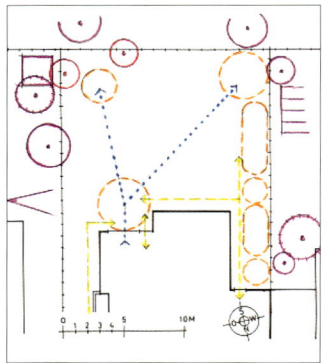

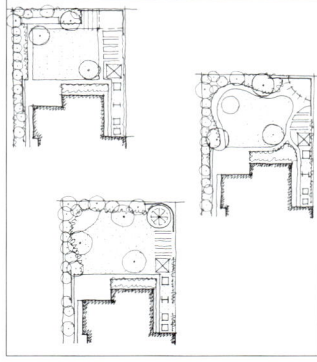

1 Legen Sie den Bestandsplan und den transparenten Nutzungsplan übereinander und entwerfen auf einem dritten Transparentblatt erste Skizzen. Alle Blätter sollen mit Tesakrepp verbunden sein.

2 Das Lineal mit cm-Skala soll griffbereit zur Maßkontrolle von Flächengrößen bereit liegen und natürlich ein Radiergummi. Mit einem Bleistift können Linienspiel und Flächen entworfen werden.

3 Alle größeren Neuansätze beginnen stets mit frischen Transparentblättern. Die Skizzen können am Schluss mit Holzfarbstiften zur besseren Lesbarkeit linear und flächig weiter ausgearbeitet werden.

In unserem Planbeispiel sind Vorgarten und Wohngarten nur über einen schmalen Streifen links am Haus vorbei miteinander verbunden und eine Gestaltungseinheit für beide Bereiche ist nicht zwingend. Weil auch die Funktionen der beiden Gärten ganz unterschiedlich sind, werden je drei getrennte Entwurfsskizzen mit Gestaltungsvorschlägen zur vergleichenden Beurteilung für Vor- und Wohngarten vorgestellt.

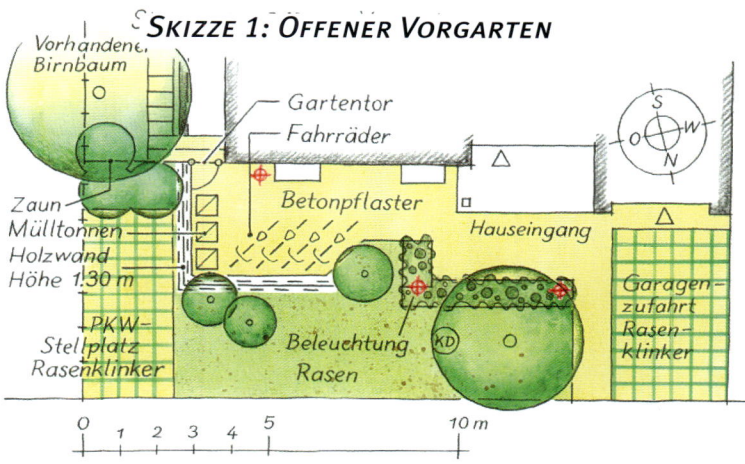

Skizze 1: Offener Vorgarten

■ Offener Vorgarten (Skizze 1)

Garagenzufahrt, Hauszugang, Stellfläche für Fahrräder und Mülltonnen sowie der zusätzliche Parkplatz aus einheitlichem Betonpflaster werden so bemes-

▲ **Vorgarten zur Straße ausgerichtet. Intensiv farbige Azaleenblüte als jahreszeitlicher Höhepunkt, ansonsten grün.**

sen, dass für alles ausreichend Funktionsfläche zur Verfügung steht. Müll- und Fahrradflächen erhalten eine Fassung aus einer Holzwand, 130 cm hoch, als Sichtblende und Raumbegrenzung. Ansonsten ist der Vorgarten offen gehalten. Ein Baum markiert den Eingang und belebt gleichzeitig den Straßenraum. Drei Einzelsträucher binden die Holzwand in den Garten ein. Die verbleibenden Flächen sind Rasen, lediglich der Hauseingangsplatz wird von einem Staudenstreifen umschlossen. Pflaster mit Rasenfugen für Garagenzufahrt und Parkplatz erweitern optisch die Grünfläche und sorgen für Regenwasserversickerung. Ein Gartentor am Kellerabgang schließt den rückwärtigen Wohngarten ab.

▲ Mit niedriger Hecke eingefriedeter Vorgarten; nach innen ausgerichtet, bietet er eine Abgrenzung zur Straße.

dem offenem Vorgarten, aber eine freiwachsende, bis etwa 2 m hoch werdende Hecke sorgt für die Trennung.

■ EINGEFRIEDETER VORGARTEN (SKIZZE 3)

Der Vorschlag entspricht dem möglichen Wunsch, den Vorgarten doch nicht offen zu halten, vielleicht aus Sicherheitsgründen oder um die Distanz zur Straße zu wahren. Ein niedriger Zaun und eine bis etwa 1 m hohe frei wachsende Hecke grenzen ab. Damit kann auch das Gartentor an der Kellertreppe entfallen. Der Vorgarten wendet sich von der Straße ab und ist voll dem Haus zugeordnet. Die Einfriedung bringt jedoch den

■ GETEILTER VORGARTEN (SKIZZE 2)

Soll der hausnahe Bereich stärker gegen die Straße abgeschirmt sein, entsteht ein geteilter Vorgarten. Die Funktionsinhalte und -flächen entsprechen

SKIZZE 2: GETEILTER VORGARTEN

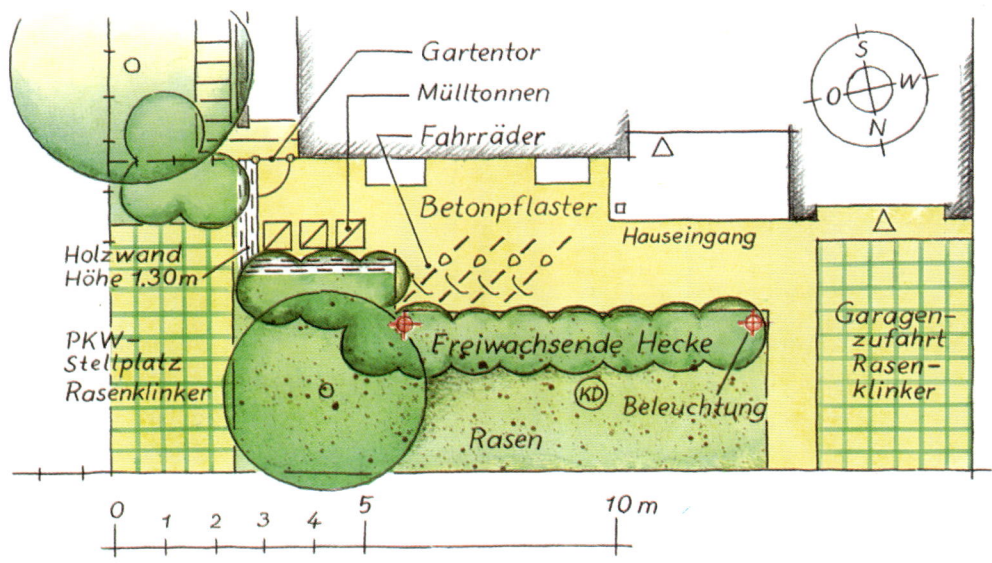

SKIZZE 3: EINGEFRIEDETER VORGARTEN

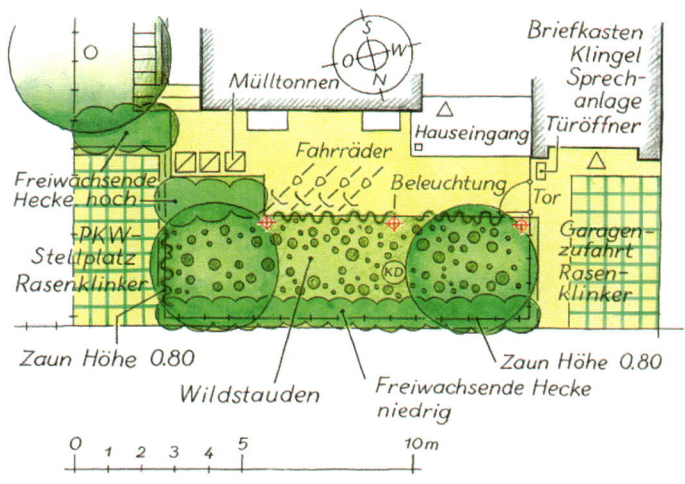

Nachteil eines Hauszugangstores mit Folgeeinrichtungen, wie Klingel, Sprechanlage, Türöffner und Briefkasten mit sich. Die Autozufahrten bleiben dabei grundsätzlich offen. Das ist im täglichen Gebrauch praktischer.

■ STRENGE WINKEL IM WOHNGARTEN (SKIZZE 4)

Im Wohngarten widmen Sie sich zuerst der Grenzgestaltung, also nicht am Haus beginnen, sondern von der Grenze her zum Haus hin arbeiten. In unserem Planbeispiel werden die Raumwände nahezu ganz – bis auf den Pergolasitzplatz – aus dem Gehölzgerüst gebildet, wobei für die Westgrenze (rechts) die strengere, in der Wuchshöhe kontrollierbare Form einer

Schnitthecke, auch wegen der Sonneneinstrahlung aus Westen und der angenehmen Aussicht in den Nachbargarten, günstig erscheint. Die Ostgrenze (links) dagegen erhält eine höhere und dichte frei wachsende Hecke. Die Südgrenze kann mit lockeren Strauchgruppierungen unter Einbeziehung der vorhandenen Gehölze markiert werden; so wird auch die Sonne wenig eingeschränkt. Es entsteht damit ein Spannungsverhältnis zwischen den drei Pflanzweisen, das den Gartenraum nicht allseitig gleichförmig macht und

SKIZZE 4: STRENGE WINKEL IM WOHNGARTEN

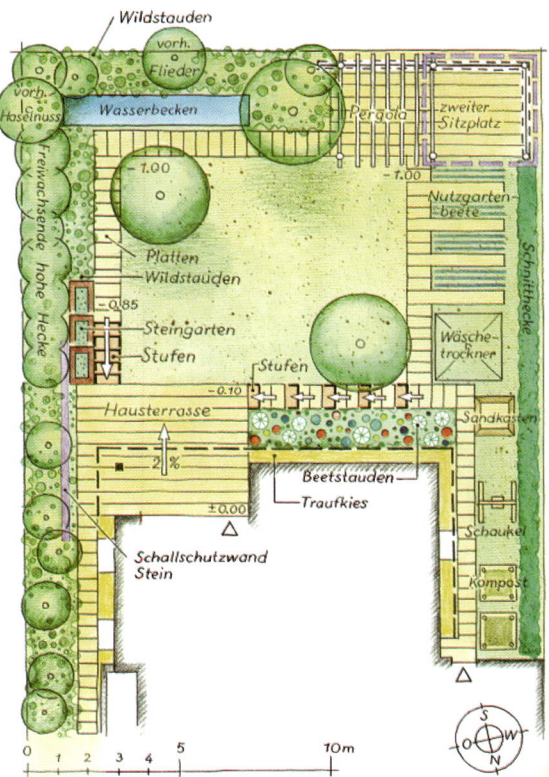

eine wohltuende Asymmetrie der „Wände" schafft. Die Schnitthecke bleibt nur grün, die frei wachsende Hecke blüht teilweise und die Strauchgruppen sind reine Blütensträucher. Damit ist der Rahmen geschaffen. Der künftige Sitzplatz mit Dach und Pergola bildet mit der Holzwand einen Halt gebenden massiveren Eckpunkt. Danach sind die Baumstandorte zu überlegen. Sie bilden im späteren alten Garten einmal die Schwerpunkte und beherrschen den Gartenraum mit ihrer Vegetationsmasse. Sie lassen sich eben nicht mehr „verschieben". Erst danach wenden wir uns der Terrasse am Haus, ihrer Zuordnung zum Garten und dem Sichtschutz, den angegliederten

▲ Rechtwinklige Raumbegrenzung und Wegeführung im ebenen Gelände als einfaches formales Ordnungsschema.

▼ Am Hang ergibt das rechtwinklige Ordnungsprinzip eine klare Abstufung in oben und unten.

Beetstaudenflächen, den Wegen mit Stufen für die Höhendifferenz des Geländes, Nutzgarten und den anderen Dingen zu. Die zur Hälfte vom Hausdach überdeckte Terrasse ist als Quadrat am vielseitigsten nutzbar. Als Sicht- und Schallschutz zum linken Nachbarn (Ostgrenze) erscheint eine gemauerte Wand richtig. Am Mauerende kann der Geländehöhenunterschied für den Steingarten genutzt werden. Entsprechend dem Funktionsplan der Nutzung liegt ein weiterer Sitzplatz, der mit Dach und Pergola auszustatten ist, als Gestaltungsschwerpunkt diagonal zur Hausterrasse. Dieses Gegenüber ist räumlich spannungsvoll und ermöglicht die Sicht auf Haus und Garten aus einer anderen Perspektive. Ein Wasserbecken bildet entlang des

südlichen Weges ein langgezogenes Rechteck. Nutzgartenbeete, Wäschetrockner, Kinderspiel- und Kompostplatz sind entlang der Westgrenze (rechts) zu einer Wirtschaftseinheit zusammengefasst. Für ein eventuelles kleines Gewächshaus müsste später ein Teil der Nutzgartenbeete geopfert werden. Einen anderen, räumlich verträglichen Standort gibt es nicht. Das Wäschetrocknen könnte auf die dann vielleicht nicht mehr benötigten Spielgeräteflächen verlagert und mit einer dort passenden Neuinstallation (nur Längsleinen zwischen 2 Pfosten) erhalten bleiben. Differenzstufen gleichen die unterschiedlichen Geländehöhen zwischen Hausterrasse und Garten aus. Intensiv zu pflegende Beetstauden wachsen vollsonnig auf kleiner Fläche am Haus. Wildstauden begleiten den Weg über die Station Wasser zur Pergola. Diese erste Skizze ordnet alles Bauliche streng rechtwinklig zueinander um eine mittlere Rasenfläche an. Eine solche Gesamtform ist ein brauchbares formales Ordnungsschema für den Garten. Es ist einfach, logisch und auch leicht umzusetzen. Vergleichbar ist die Raumdisposition im Garten prinzipiell mit der einer

Wohnung: Auch innen rücken wir die hohen Möbel an den Rand und halten die Mitte niedrig oder ganz frei. Das ist auch für den Garten immer ein brauchbarer Ansatz.

▲ Die geschwungene Wegführung bewirkt eine fließende Linienführung als Raumgrenze. Das mildert die Strenge der vorherigen Lösung.

■ EIN GESCHWUNGENER WOHNGARTEN (SKIZZE 5)

Wenn Sie sich mit der Strenge von Skizze 4 nicht anfreunden können, bietet die Möglichkeit

SKIZZE 5: GEOMETRISCH GESCHWUNGENER WOHNGARTEN

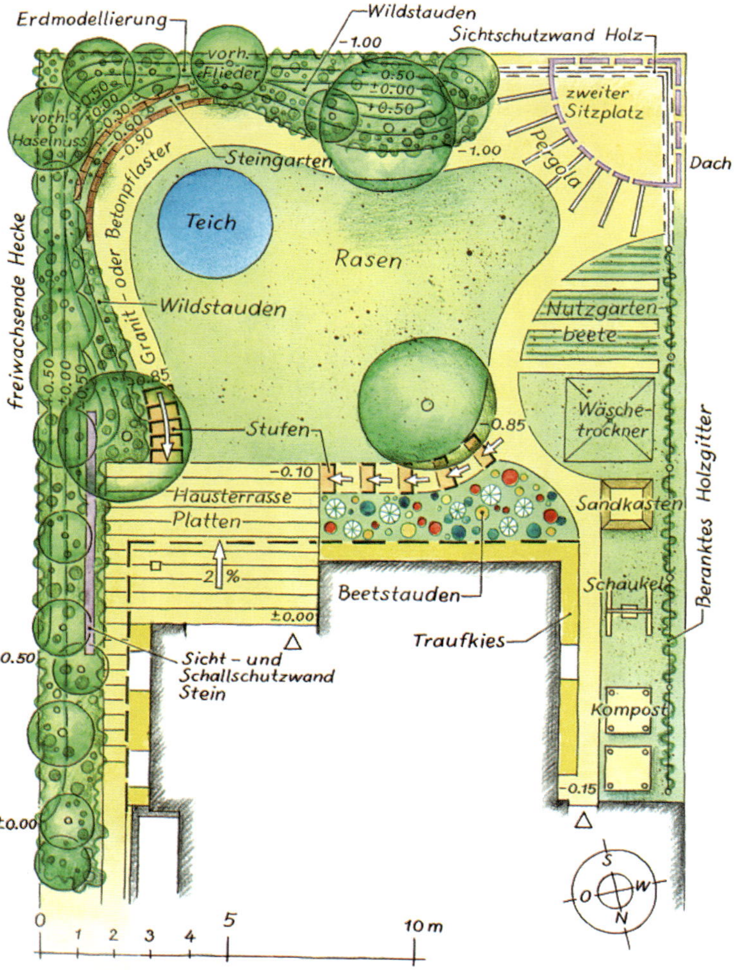

Erdmodellierung — Wildstauden
-1.00
vorh.-Flieder
Sichtschutzwand Holz
zweiter Sitzplatz
+0.50
+0.00
+0.50
vorh. Haselnuss
Pergola
Dach
Granit – oder Betonpflaster
Steingarten
-1.00
freiwachsende Hecke
Teich
Rasen
Wildstauden
Nutzgarten-beete
Stufen
-0.85
Wäsche-trockner
Sandkasten
Beranktes Holzgitter
Hausterrasse Platten
-0.10
2 %
±0.00
Beetstauden
Schaukel
-0.50
Sicht – und Schallschutzwand Stein
Traufkies
Kompost
-0.15
±0.00

0   1   2   3   4   5   10 m

S – O – W – N

bildet eine wechselnd hohe kleine Hügelkette. Ein späterer runder Teich kann sich logisch in die entstehende Mulde einfügen. Auch der Steingarten findet mit niedrigen Steinkanten am Innenhang der großen Kurve seinen sinnvollen Platz. Die den Wall begleitende Grenzpflanzung aus verschiedenen Sträuchern unterstreicht die neue Topografie und ergibt ein aufgelockertes vielgestaltiges Bild. Für die Westgrenze kann auch ein niedriges Rankgitter aus dünnen Latten die Schnitthecke ersetzen, das spart noch mehr Grenzabstand. Die Bäume erhalten ihre Standorte in den Wegekurven und bestimmen so

einer geschwungenen Wegeführung und die Veränderung einiger Details neue Ansätze. Sie beginnen wiederum an den Grenzen. Durch eine Geländemodellierung an der Ost- und Südgrenze kann die Grundstücksabtrennung wirkungsvoll gestaltet werden. Die Erdaufschüttung bis zu 100 cm Höhe

◄ Eine weich geformte Erdmodellierung grenzt in klarer Kontur das Grundstück wirkungsvoll ab.

das Haus herum, ansonsten öffnet sich der Rasen als vielfältige Nutzfläche umsäumt von einem schwingenden, wechselnd breiten Gehölzrand mit einem Wildstaudensaum. Diagonal zur Terrasse, jetzt nur über den Rasen erreichbar, liegt der zweite Sitzplatz. Dieser ist ganz einfach gehalten: Holzwand als Sichtschutz, Pflasterrund und großer stationärer Schirm. Die Wirtschaftseinrichtungen bleiben dort, wo sie bisher waren. Sie beeinflussen durch die Randlage die Hauptflächen nicht. Dieses Wenige kann sehr schön sein, Ruhe ausstrahlen, eine Art Naturatmosphäre verströmen, die Gedanken wandern lassen. Genügt Ihnen so ein Himmel

deren Verlauf. Während die Standorte für Terrassen, Wirtschaftsgarten und Kinderspielplatz bleiben wie in Skizze 4, öffnet sich der zweite Sitzplatz jetzt betont diagonal zur Terrasse am Haus mit einer Viertelkreis-Form. Die Wege bestehen aus Granit- oder Betonpflaster. Damit lassen sich die Rundungen besser bauen.

▼ Ein weiter, ruhiger, unverstellter Gartenraum – nur lockere Gehölzgrenze und Rasen.

■ LOCKER-UNGEBUNDEN: EINE NATURNAHE WOHNGARTENFORM (SKIZZE 6)

Wenn Sie all das Bisherige mehr verunsichert als gefestigt hat, begeistert Sie vielleicht die lockerungebundene Form. Es gibt nur eine Wegführung um

▲ Mit Einschnürungen und Aufweitungen durch markante Gehölze entsteht eine optisch größere Raumtiefe und ein naturnaher Gesamteindruck.

überwölbter Raum mit „fast nichts"? Der Vorteil: Vieles bleibt offen, es kann auch später noch etwas verändert werden, wenn man weiß, wie viel Zeit für den Garten zur Verfügung steht und wie viel Freude die Gartenarbeit macht. Eine große Rasenfläche bietet darüber hinaus viel Platz für Spiele.

Ein Steingarten passt nicht in das Konzept einer naturnahen Pflanzung. Ebenso ist auch der Teich nicht zwingend notwendig. Trotzdem ist der Garten brauchbar. Man kann sich dank seiner Offenheit in immer wieder neue Wunschbilder hineindenken.

Die Dynamik der Randvegetation und der Bäume wird den Gartenraum mit den Jahren immer vollkommener machen und später will man dann vielleicht gar nichts Weiteres mehr hinzufügen.

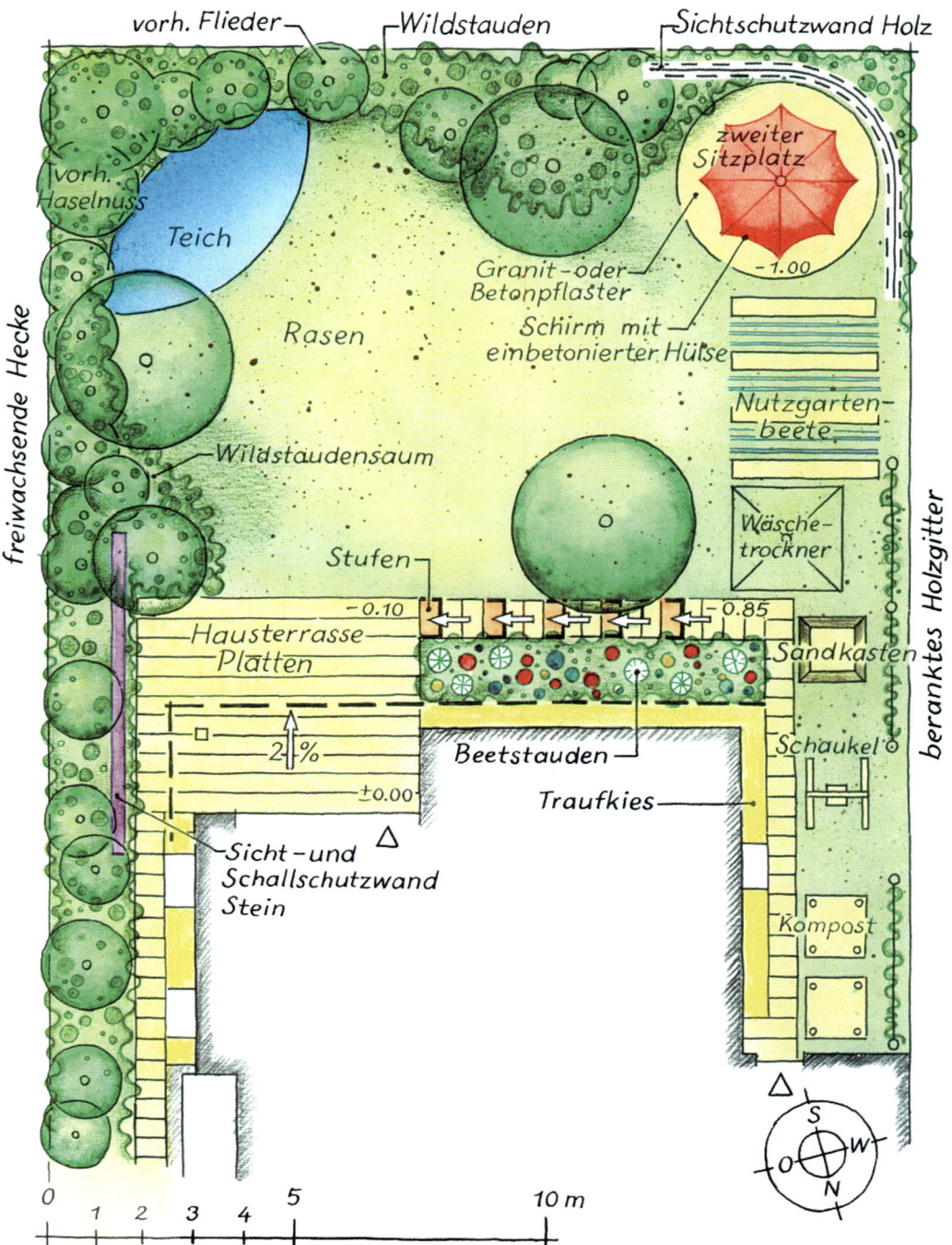

vorh. Flieder — Wildstauden — Sichtschutzwand Holz

zweiter Sitzplatz

vorh. Haselnuss

Teich

Rasen

Granit-oder-Betonpflaster

− 1.00

Schirm mit einbetonierter Hülse

freiwachsende Hecke

Nutzgarten-beete

Wildstaudensaum

Wäsche-trockner

Stufen —

Hausterrase Platten

− 0.10

− 0.85

Sandkasten

Beetstauden —

Schaukel

2 %

± 0.00

Traufkies —

Sicht-und Schallschutzwand Stein

Kompost

beranktes Holzgitter

0   5   10 m
1   2   3   4

S
O   W
N

▶ *Wie soll ich mich entscheiden?*

Aus den verschiedenen Entwurfsskizzen gilt es nun, das beste Ergebnis herauszufinden. Will man sich nicht auf eine Lösung festlegen, ist natürlich auch eine Kombination denkbar.

Im Vorgarten ist die Entscheidung nicht schwierig: Der offene **Vorgarten (Skizze 1)** wäre mein Favorit. Der locker bepflanzte Gesamtraum bleibt offen nach allen Seiten, Fahrräder und Mülltonnen jedoch sind abgeschirmt. Ein solcher Vorgarten wirkt einladend. Es bleibt auch alles übersichtlich. Falls je eine Einfriedung doch noch unumgänglich wäre, könnte diese auch nachgerüstet werden.

▼ Endergebnis eines Gartens ohne gründliche Vorüberlegung: Die Fläche füllt sich zusammenhanglos Stück für Stück. Ein gebrauchsfähiger Freiraum entsteht nicht.

Im **Wohngarten** ist die Entscheidung nicht so eindeutig. Die formalen und räumlichen Konzepte sind zu unterschiedlich. Gemeinsam ist aber allen die Gestaltung des hausnahen Umfeldes sowie des Wirtschaftsgartenbereiches und sollte nicht verändert werden. Bei **Skizze 4** zeigen die geraden Wege und rechtwinkligen Anordnungen von Wasserbecken und zweitem Sitzplatz ein klares, einfaches Konzept. Der zweite Sitzplatz wirkt in der Längsausdehnung geräumig. Wenn Wasserbecken und Sitzplatz einschließlich Pergola und Dach aus Kostengründen zurückgestellt würden, könnte auf einfache Weise die Rasenfläche den südlichen Weg vorerst überspringen. Der Raum wäre trotzdem fertig, wenn die Holzwand gleich gebaut wird. Die Ästhetik der geschwungenen Wege von **Skizze 5** steht im Kontrast zur Geradlinigkeit des Wohnhauses. Aber auch dieses Konzept ist in sich schlüssig. Besonders die Stelle für den später möglichen Teich ist gut gewählt. Der zweite Sitzplatz in Viertelkreisform ist mit Dach und Pergola keine einfache Konstruktion und die Nutzfläche ist eingeschränkt. Das Neue aber an diesem Konzept ist die grenznahe Erdmodellierung. Damit kommt spannungsvoll gebaute Dreidimensionalität in dieser Grundstücksecke ins Spiel. Das Gartenende wird mit dem entstehenden kleinen Gegenhang des Walles räumlich wirkungsvoll aufgefangen. Es entsteht eine Mulde mit einladender Geborgenheit. Erdmodellierung, Wegeführung und Teichlage ergänzen sich sehr gut. Die naturnahe Gartenform (**Skizze 6**) besticht mit ganz wenigen baulichen Elementen durch ihre Einfachheit. Wenn man auf Wege aber nicht verzichten will, ist davon abzuraten, sonst verliert das Ganze seinen Reiz. Allerdings ist mit dieser Lösung die größtmögliche Raumausdehnung gegeben.

Nach Abwägung aller Vorzüge und Einschränkungen der entworfenen drei Skizzen tendiert meine Entscheidung zu einer **Kombination der Skizzen 4 und 5**. Auf Skizze 4 wirkt die Zuordnung von Nutzgartenbezug und zweitem Sitzplatz mit Dach und Pergola in sich einfach und klar. Die Vorzüge der Erdmodellierung samt Weg und Teich sprechen für den geome-

trisch-geschwungenen Wohngarten. Warum nicht beides kombinieren? Es entsteht ein formal gegensätzliches, aber geometrisch klares Gegenüber von geraden, strengen Linien und gerundeten, schwingenden Formen, wodurch die Rasenfläche einen spannungsvollen Zuschnitt erfährt und reizvolle räumliche Gegensätze den Garten beleben. Die Entscheidung ist getroffen! Nun kann der Entwurfsplan als Grundlage für die Gartenausführung aufgezeichnet werden. Aus dem bisher „vielstimmigen Gezwitscher" muss eine Melodie für den Garten entstehen.

▲ Eine räumlich überlegte Planung im Vergleich zum Bild Seite 54: Die Ränder nehmen die Pflanzungen auf. Die Gartenmitte bleibt frei. Das Ergebnis ist eine wirksame Raumfassung und ein vielseitig nutzbarer Raum.

▶ Der Entwurfsplan

Nachdem die grundsätzliche Gestalt und Ausformung des Gartens klar ist, müssen weitere Einzelheiten der Geländestruktur, des Materials und der generellen Bepflanzung bestimmt werden, um zu einem harmonischen Gesamterscheinungsbild zu gelangen.

1 Legen Sie, wie auch schon am Planungsbeginn, die Transparentblätter übereinander. Die ausgewählten Skizzen schieben Sie jeweils unter das künftige Entwurfsblatt, in das Sie vorher bereits den vollständigen Hausgrundriss aus dem Baugesuch und das andere Vorhandene aus dem Bestandsplan eingetragen haben.

2 Nun zeichnen Sie die ausgewählten Skizzenbereiche durch, so dass diese nahtlos zusammenpassen. Alle Bauteillinien sind jetzt präzise mit dem Lineal, Zirkel und auch in der richtigen Dimension darzustellen, ebenso alle Geländehöhen. Die Pflanzen können freihändig dargestellt werden. Über die Materialien muss jetzt Klarheit herrschen, denn diese Informationen müssen ebenfalls in den Plan integriert werden. Die Benennung der Pflanzen wird aber erst im späteren Pflanzplan festgelegt.

3 Genauso müssen die nachbarlichen Abstände für grenznahes Bauliches oder Pflanzliches beim Einzeichnen geprüft und entsprechend richtig bemessen werden. Wie bei den Skizzen können Sie wieder alles mit jetzt etwas härterem Bleistift wegen der präziseren Linien zeichnen. Das fertige Blatt ist kopierfähig und wird anschließend, wie die Skizzen auch, farbig angelegt. Nun verfügen Sie über eine Zeichnung, die als Entwurfsplan bezeichnet wird und Sie haben eine Grundlage, nach welcher jetzt die Kosten für die Herstellung des Gartens zu ermitteln sind.

Hinweis: Wenn Sie die ganze Zeichnerei nicht alleine schaffen sollten, dann können Sie immer noch zu einem Landschaftsarchitekten gehen, ihm die Versuche auf den Tisch legen und um einen „ordentlichen" Plan für einen realisierbaren Garten gegen entsprechendes Honorar nachsuchen. Hilfe wird hier angeboten.

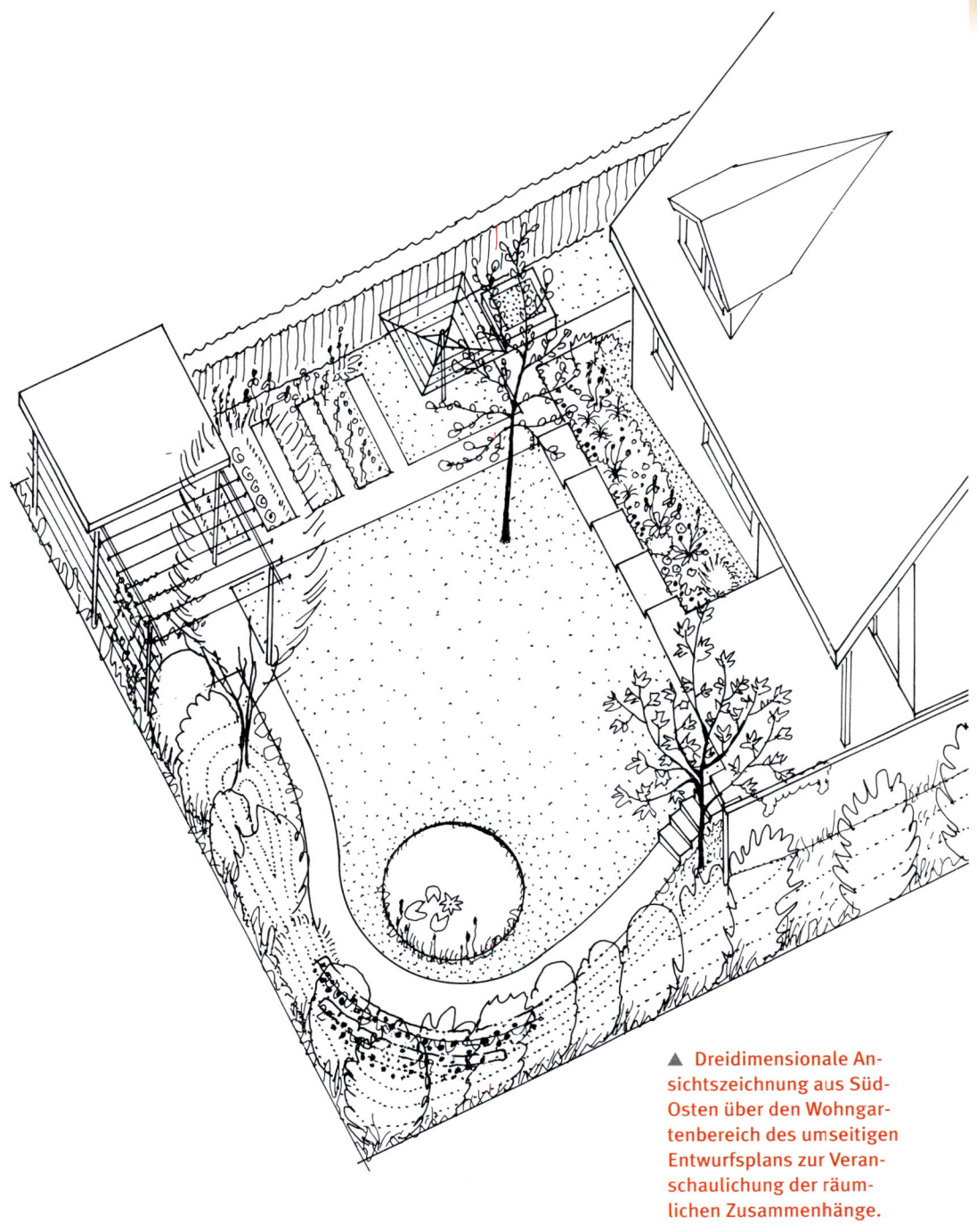

▲ Dreidimensionale Ansichtszeichnung aus Süd-Osten über den Wohngartenbereich des umseitigen Entwurfsplans zur Veranschaulichung der räumlichen Zusammenhänge.

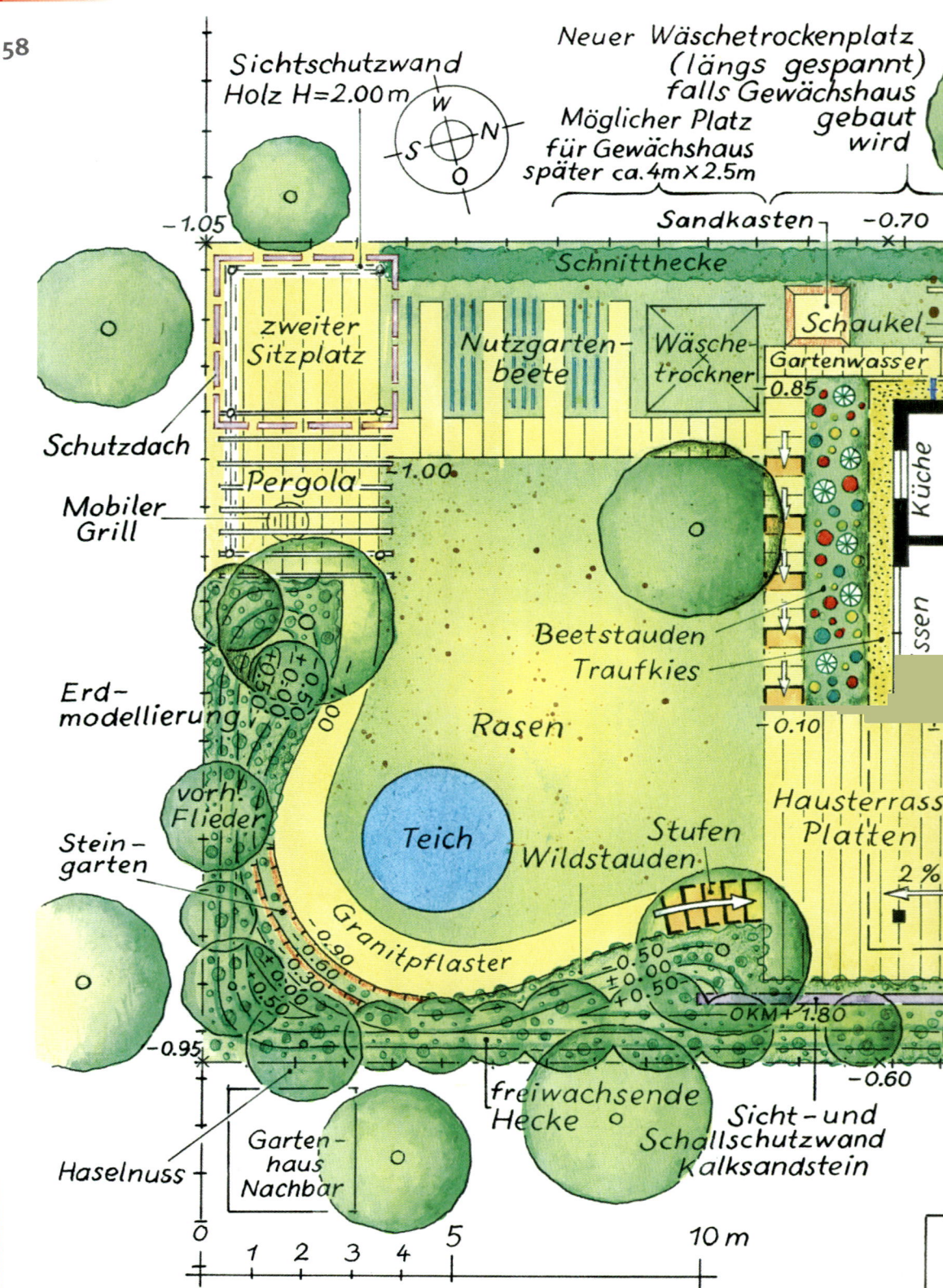

Sichtschutzwand
Holz H=2.00m

Neuer Wäschetrockenplatz
(längs gespannt)
falls Gewächshaus
gebaut
wird

Möglicher Platz
für Gewächshaus
später ca. 4m×2.5m

Sandkasten
−0.70

−1.05

Schnitthecke

zweiter
Sitzplatz

Nutzgarten-
beete

Wäsche-
trockner

Schaukel

Gartenwasser

0.85

Schutzdach

Pergola
−1.00

Mobiler
Grill

Beetstauden
Traufkies

Küche

Erd-
modellierung

+0.50

+1.00

Rasen

−0.10

Essen

vorh.
Flieder

Teich

Stufen
Wildstauden

Hausterrass
Platten

Stein-
garten

2 %

Granitpflaster

−0.50
±0.00
+0.50

−0.90
+0.60
+0.30
+0.50

OKM +1.80

−0.95

−0.60

freiwachsende
Hecke

Sicht- und
Schallschutzwand
Kalksandstein

Haselnuss

Garten-
haus
Nachbar

0   1   2   3   4   5   10 m

Entwurfsplan

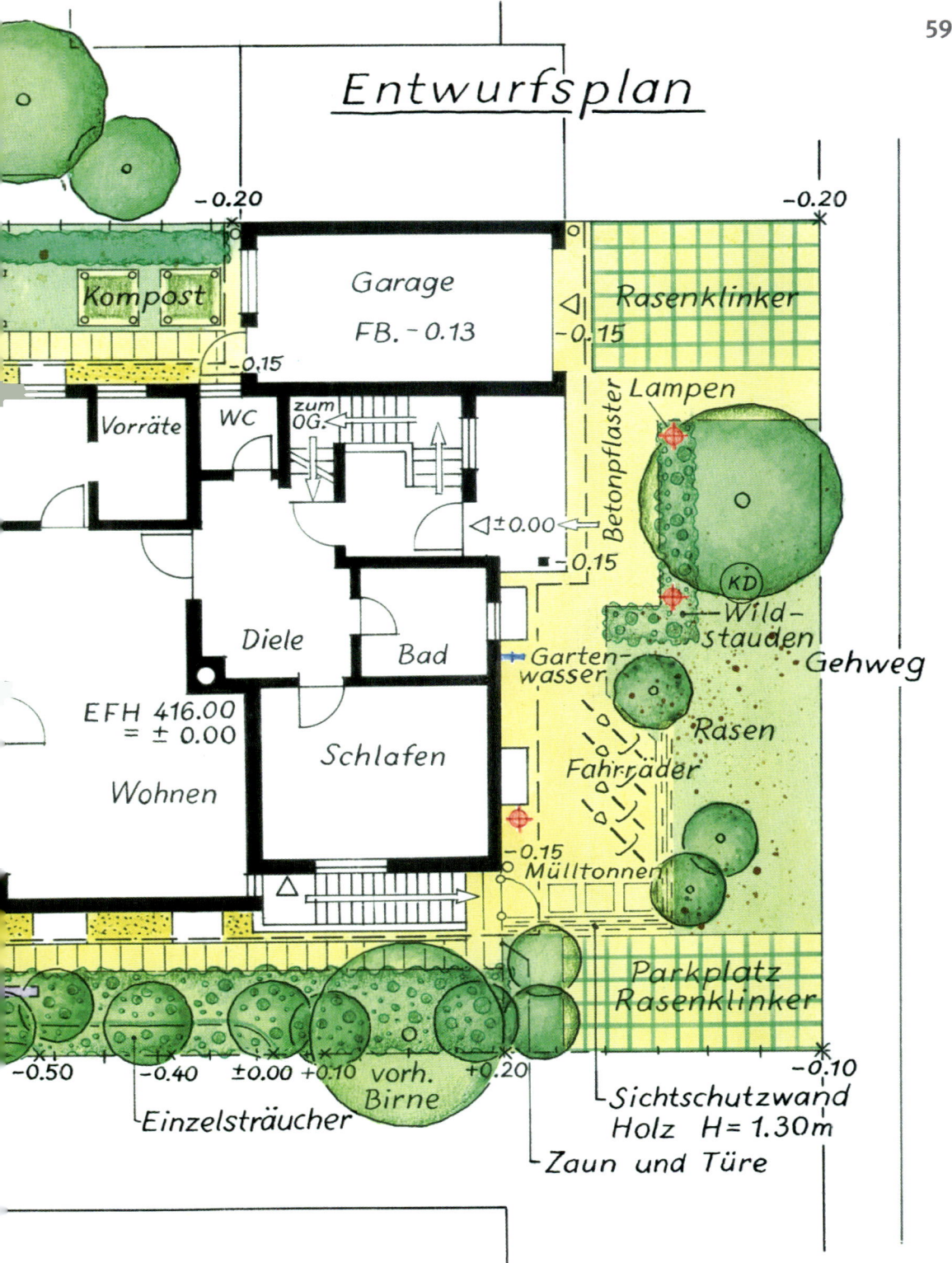

−0.20

−0.20

Kompost

Garage
FB. − 0.13

Rasenklinker

−0.15

−0.15

Betonpflaster

Lampen

Vorräte

WC

zum
OG.

◁ ±0.00

■ −0.15

KD

**Wild-
stauden**

Gehweg

Diele

Bad

Garten-
wasser

Rasen

EFH 416.00
= ± 0.00

Schlafen

Fahrräder

Wohnen

−0.15
Mülltonnen

**Parkplatz
Rasenklinker**

−0.50   −0.40   ±0.00 +0.10   vorh.
Birne

+0.20

−0.10

└ Sichtschutzwand
Holz H= 1.30m

└Einzelsträucher

└Zaun und Türe

Kapitel 4

Den Kostenrahmen berechnen

▶ Mengen ermitteln

▶ Baukosten erfragen

▶ Beispiel eines Unternehmer-
angebotes

▶ Zu hohe Kosten, was nun?

▶ # *Mengen ermitteln*

Mit dem Entwurfsplan haben Sie den Inhalt des künftigen Gartens, ein Gartenbild in Strichen, Zahlen, Worten und Farben dokumentiert.

Was Sie aber noch nicht wissen ist, ob Sie sich das alles auch leisten können, ob es bezahlbar ist. An diesem Punkt wird es für den Planer-Laien wieder schwierig. Komplettpreise für Material und Arbeit mit allen Zuschlägen für Erdarbeiten, Belagsarbeiten, Pflanzungen und Garteneinrichtungen weiß nur ein Landschaftsarchitekt, der Erfahrungswerte kennt oder ein Unternehmer des Garten- und Landschaftsbaues nach eigener Kalkulation.

Grobe Schätzung

Natürlich kann man überschlägig schätzen:
■ 1 m² Garten kostet 100 bis 200 DM je nach Ausstattung, Material, Topografie.

Aber damit fangen Sie nicht viel an. Eine detaillierte Aufstellung einzelner Leistungspositionen, aus der auch erkennbar ist, bei welchen Arbeiten die Kostenschwerpunkte liegen, ist wesentlich effektiver. Es wird gleichzeitig sichtbar, wo gespart werden kann, wenn das Budget zu knapp ist.

■ *Skizze zur Massen-Ermittlung*

Ermitteln Sie zuerst die Flächenmaße nach Quadratmeter, die Raummaße nach Kubikmeter und Einzelnes nach Stückzahlen. Die jeweiligen Rechenergebnisse nach Quadratmeter bzw. Kubikmeter werden auf glatte Zahlen aufgerundet, wobei etwa 5 % Sicherheit aufzuschlagen ist, da erfahrungsgemäß Abweichungen in der späteren Realität zu erwarten sind. Eine Massenberechnungsskizze, die Sie aus dem Entwurfsplan herstellen können, hilft Ihnen dabei.

Die zeichnerische Herstellung ist einfach und über Gestaltung brauchen Sie sich nicht mehr den Kopf zu zerbrechen. Vielmehr sind präzise Materialbegriffe, Vorstellungen über Ausführungsdetails und genaues Rechnen gefragt. Wenn außer dem Haus alle Flächen farbig sind, wissen Sie, dass nichts vergessen wurde.

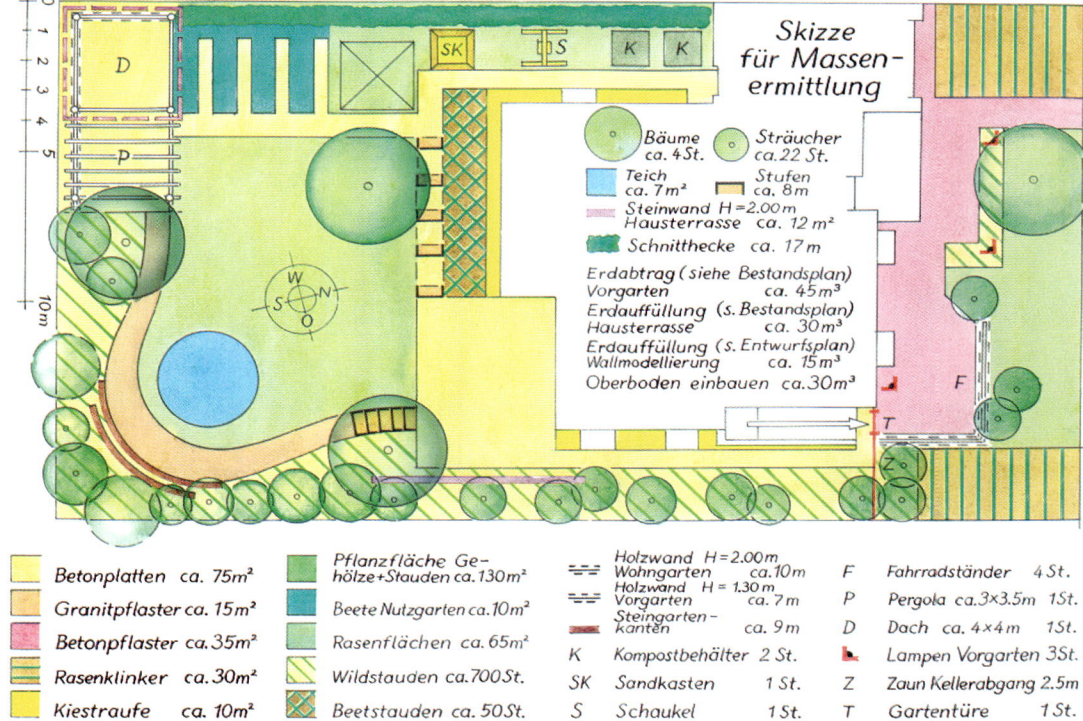

Skizze
für Massen-
ermittlung

Bäume ca. 4 St. Sträucher ca. 22 St.
Teich ca. 7 m² Stufen ca. 8 m
Steinwand H = 2.00 m
Hausterrasse ca. 12 m²
Schnitthecke ca. 17 m

Erdabtrag (siehe Bestandsplan)
Vorgarten ca. 45 m³
Erdauffüllung (s. Bestandsplan)
Hausterrasse ca. 30 m³
Erdauffüllung (s. Entwurfsplan)
Wallmodellierung ca. 15 m³
Oberboden einbauen ca. 30 m³

Betonplatten ca. 75 m²	Pflanzfläche Ge-hölze+Stauden ca. 130 m²	Holzwand H = 2.00 m Wohngarten ca. 10 m	F Fahrradständer 4 St.
Granitpflaster ca. 15 m²	Beete Nutzgarten ca. 10 m²	Holzwand H = 1.30 m Vorgarten ca. 7 m	P Pergola ca. 3×3.5 m 1 St.
Betonpflaster ca. 35 m²	Rasenflächen ca. 65 m²	Steingarten-kanten ca. 9 m	D Dach ca. 4×4 m 1 St.
Rasenklinker ca. 30 m²	Wildstauden ca. 700 St.	K Kompostbehälter 2 St.	Lampen Vorgarten 3 St.
Kiestraufe ca. 10 m²	Beetstauden ca. 50 St.	SK Sandkasten 1 St.	Z Zaun Kellerabgang 2.5 m
		S Schaukel 1 St.	T Gartentüre 1 St.

1 Dazu legen Sie ein Transparentblatt auf den Plan und zeich-nen alle Flächen-begrenzungslinien am Lineal mit einfachen Strichen präzise durch.

2 Danach werden die so gewonnenen Flächengrößen mit frei gewählten, gut unterscheidbaren farbigen Strukturen versehen.

3 Mit dem cm-Lineal lassen sich nun ganz einfach Längen und Breiten ausmessen. Höhen und Tiefen für Raummaße der Erdbewegungen wer-den geschätzt, Ande-res nach Stückzahl aufgelistet.

4 Die errechneten Ergebnisse werden danach am zweck-mäßigsten als Liste direkt auf dem Mas-senermittlungsplan vermerkt. Aus unse-rem Planbeispiel ist das Ganze exempla-risch ablesbar.

▶ Baukosten erfragen

Bis hierher war es nicht besonders schwierig, aber wie kommen Sie jetzt zu den Kosten?

Den Garten bauen lassen oder selber bauen. Welche Entscheidung ist richtig?

Es gibt zwei generelle Ansätze:

1 Wenn Sie nicht selbst bauen können und wollen, vervielfältigen Sie den Massenplan einschließlich Massenermittlung und holen von zwei oder drei Firmen des Garten- und Landschaftsbaues aus Ihrer näheren Umgebung jeweils ein qualifiziertes Angebot ein. Qualifiziert ist es, wenn daraus Leistungspositionen und deren Einzelpreise ersichtlich sind, die am Schluss eine Gesamtsumme ergeben. Die Einzelpreise sind für den Unternehmer verbindlich. Den kostengünstigsten Anbieter können Sie nach Prüfung aller Angebote mit der Ausführung beauftragen. Das Ergebnis sind „echte Kosten" für Material und Arbeitsleistung.

2 Wenn Sie selbst bauen wollen und können, brauchen Sie nur die Material- und Transportkosten zu ermitteln. Die Materialpreise erfahren Sie bei Baustoffhändlern oder Baumärkten (z. B. für Platten, Pflasterungen, Holzwerk). Natürlich brauchen Sie auch Geräte für die Herstellung (z. B. für grobe Erdarbeiten, Beläge herstellen, Holzarbeiten). Dabei entstehen Leihgebühren oder gar zusätzliche Investitionskosten. Pflanzenkosten sind bei Baumschulen, Staudengärtnereien oder Pflanzencentern einzuholen. Weil Sie Ihren Arbeitsaufwand nicht rechnen, erscheint die Gartenausführung billiger als die Ausführung durch eine Firma. Das Ergebnis sind „unechte Kosten" und die Ermittlung erfordert viel Zeit.

■ WIE UND WO KANN EINGESPART WERDEN?

Wie auch immer Sie sich entscheiden, es kann durchaus sein, dass Ihr geplantes Budget für den Garten nicht reicht. Dann muss eben gespart werden, aber wie und wo?

Liegt Ihr Garten am steilen Hang, gewinnt die Topografie Priorität. Die Geländeausformung und eventuelle Stützmauern müssen gleich richtig hergestellt werden, denn Korrekturen sind später nur mög-

Falls Zeit und Geld knapp sind: Eine sinnvolle Reihenfolge der Ausführung vorsehen, um Mehrfacharbeit zu vermeiden.

Was zuerst bauen?

Die langfristig wichtigen Anlagenteile sollten Sie vorrangig behandeln:

■ Zugangs- und Zufahrtsflächen zum Haus, die Terrasse am Haus und alles was mit Pflanzenwachstum zur besseren Aufenthaltsqualität im Garten beiträgt. Hierzu zählen besonders die Grundstücksränder, also alle Gehölze wie Bäume, Sträucher, Hecken, auch Sichtschutzwände. Rasen ist am billigsten. Es ist deshalb kostengünstig, später auszuführende Beläge oder Wasserflächen im Garten provisorisch als Rasen anzulegen.

in den Garten ist später oft verbaut und teure Handarbeit die Folge. Außerdem muss Vorhandenes beseitigt werden, um Platz für das Neue zu schaffen. Auch das kostet zusätzliches Geld, abgesehen von den Reparaturen der Übergänge zum bleibenden Garten.

Nach Prüfung all dieser Zusammenhänge und Abhängigkeiten findet sich eine Lösung zwischen Wunsch und Kostenwirklichkeit. Es gibt auch einen Mittelweg: Der Landschaftsbauer macht das Grobe wie Erdbewegungen, Beläge, Gehölzpflanzungen, Sichtschutzeinrichtungen und Sie übernehmen dann den Weiterbau: Bodenbearbeitung, Rasenansaat und die Staudenpflanzungen. Aber Vorsicht: Muten Sie sich keinesfalls zu viel zu!

lich, wenn ein Teil des Gartens wieder zerstört wird.

Nachgerüstet werden können in unserem Planbeispiel Plätze, Wege im Wohngarten, Pergola, Dach und Teich. Spieleinrichtungen, Fahrradständer und Wäschetrockner können Sie selbst aufstellen.

Der Garten wird in Form von nicht zu kleinen Pflanzen und vollständigem Ausbau davon bestimmt profitieren. Die „Wohnung im Freien" soll ja möglichst gleich schön und bewohnbar sein. Manche Zugänglichkeit für Geräte und Material

Spar-Tipps

Aber vielleicht gibt ja auch der Ausstattungsetat für das Haus noch einiges her:

■ Kann der Dachausbau verschoben werden? Können wir die alte Couchgarnitur doch noch ein Jahr länger benutzen? Kann das Auto etwas länger gefahren werden?

▶ *Beispiel eines Unternehmerangebotes*

Zur besseren Anschaulichkeit dieser bisher durchgespielten Kostenrechnerei entwickeln wir anhand des Planungsbeispiels folgende Aufstellung, wobei die Preise je nach Marktlage schwanken.

Fiktives günstigstes Angebot eines Unternehmers des Garten-und Landschaftsbaues:

I. Vorarbeiten

Zuerst sind die Gartenflächen von Baumaterialresten zu säubern sowie Geräte und Maschinen bereitzustellen. Dann wird mit den Erdbewegungen begonnen.

1) Baustelle einrichten und wieder räumen	pauschal	DM	300,00
2) Schutt und Unrat abfahren	3 m³ à 50,00	DM	150,00
Summe I. Vorarbeiten		**DM**	**450,00**

II. Erdarbeiten

3) Bodenabtrag und wieder einbauen	45 m³ à 45,00	DM	2.025,00
4) Gelagerten Oberboden einbauen	30 m³ à 25,00	DM	750,00
5) Bodenbearbeitung der Vegetationsflächen	205 m² à 1,00	DM	205,00
6) Bodenverbesserungsmittel (Kompost, Dünger)	205 m² à 3,00	DM	615,00

7) Gärtnerische Feinplanie   205 m² à 2,50 DM   512,50

Summe II. Erdarbeiten   **DM   4.107,50**

III. Belagsarbeiten

8) Erdaushub für Wege und Plätze
   Einbau im Gelände   30 m³ à 29,00 DM   870,00

9) Planum und Verdichten
   der Sohle   155 m² à 1,50 DM   232,50

10) Schottertragschicht D = 15 cm
                           155 m² à 12,00 DM   1.860,00

11) Betonplatten mit Granitvorsatz
    in Sandbett   75 m² à 79,00 DM   5.925,00

11a) Alternativ:
    Betonplatten mit sandgestrahlter
    Oberfläche   75 m² à 55,00   0,00

12) Granitkleinpflaster in Sandbett
                            15 m² à 152,00 DM   2.280,00

13) Betonpflaster mit Granitvorsatz
    in Sandbett   35 m² à 85,00 DM   2.975,00

13a) Alternativ:
    Betonpflaster mit unbehandelter
    Oberfläche   35 m² à 48,00 DM   0,00

14) Rasenklinker in Sandbett
                            30 m² à 76,00 DM   2.280,00

Nach dem Herrichten der Geländeflächen werden. die Beläge gebaut.

15) Anschlüsse mit Steinsäge
   herstellen   10 m à 16,00   DM   160,00

16) Kiestraufe am Haus
                                  10 m² à 38,00 DM   380,00

17) Betonblockstufen mit Granitvorsatz
   einschl. Betonfundament 8 m à 192,00   DM   1.536,00

Summe III. Belagsarbeiten   **DM 18.498,50**

Pflanzungen und Aussaaten erfolgen stets nach Fertigstellung aller Belags- und sonstiger Bauarbeiten. Pflanzungen in der Vegetationsruhe (Herbst-Frühjahr), Aussaaten in der Vegetationszeit (Frühjahr-Herbst).

IV. Pflanz- und Saatarbeiten

18) Pflanzenlieferung Gehölze
   Wert etwa DM 4.400,00
   Abrechnung nach Katalogpreis einer
   Baumschule (Namensnennung)
   abzüglich 20 %   DM   3.520,00

19) Pflanzenlieferung Stauden
   Wert etwa DM 2.500,00
   Abrechnung nach Katalogpreis einer
   Staudengärtnerei (Namensnennung)
   abzüglich 10 %   DM   2.250,00

20) Pflanzarbeit für Gehölze
   30 % der Pflanzenlieferungssumme
   Pos. 18   DM   1.056,00

21) Pflanzarbeit für Stauden
   40 % der Pflanzenlieferungssumme
   Pos. 19   DM   900,00

22) Rasenansaat	65 m^2 à 2,00	DM	130,00

Summe IV. Pflanz- und Saatarbeiten		DM	**7.856,00**

V. Gartenausstattung

23) Teich mit Folienabdichtung

	7 m^2 à 350,00	DM	2.450,00

24) Betonfundament für Sichtschutzwand

	2 m^3 à 240,00	DM	480,00

25) Sichtschutzwand aus
    Kalksandstein gemauert
    mit Blechabdeckung

	12 m^2 à 190,00	DM	2.280,00

26) Holzwand aus waagrechten,
    wechselseitig befestigten Brettern,
    Stützen Rundholz mit feuerverzinktem
    einbetoniertem Fußteil, Holzwerk
    imprägniert, Bauhöhe 2 m.

	10 m à 180,00	DM	1.800,00

27) Holzwand wie vor, jedoch Bauhöhe
    1,3 m

	7 m à 120,00	DM	840,00

28) Steingartenkanten 30 cm hoch
    aus grob behauenem
    Naturstein

	9 m à 120,00	DM	1.080,00

29) Pergola aus imprägniertem Kantholz
    Stützen im Eisenschuh, verzinkt und
    Betonfundament

	pauschal	DM	4.500,00

Bauliche Schutzeinrichtungen oder zusätzliche Einbauten können richtig angeordnet die Bewohnbarkeit des Gartens erheblich verbessern.

30) Überdachung eines Teiles der Pergola
mit Welleternit   pauschal   DM   1.000,00

31) Kompostbehälter aus Holzbrettern
einschl. Aufstellen   2 St. à 180,00   DM   360,00

32) Sandkasten aus Holz mit Abdeckung
einschl. Aufstellen und Sandfüllung
                                    pauschal   DM   200,00

33) Schaukel aus Rundholz   pauschal   DM   200,00

34) Fahrradständer aus verzinktem
Stahlrohr einschl. Einbau 4 St. à 105,00   DM   420,00

35) Wäschetrockner Durchmesser 300 cm
einschl. Betonfundament pauschal   DM   250,00

36) Holzlattenzaun 100 cm hoch am
Kellerabgang   2,5 m à 120,00 DM   300,00

37) Tür mit Schließzylinder
am Kellerabgang   pauschal   DM   300,00

38) Beleuchtung Vorgarten Leistungen
für Kabelgraben, Kabelabdeckung
Sandverfüllung, einschl. Kabel
                                    12 m à 40,00   DM   480,00

39) Lampenfundamente   3 St. à 75,00   DM   225,00

40) Lampen je nach Auswahl der
Bauherrschaft   3 St. à 500,00   DM   1.500,00

Summe V. Gartenausstattung   **DM 18.665,00**

Viele nützliche Einzelheiten sind ebenfalls im Garten unterzubringen, um eine bequeme Bewirtschaftung zu erreichen.

Summe I. Vorarbeiten		DM	450,00
Summe II. Erdarbeiten		DM	4.107,50
Summe III. Belagsarbeiten		DM	18.498,50
Summe IV. Pflanz- und Saatarbeiten		DM	7.856,00
Summe V. Gartenausstattung		DM	18.665,00
Gesamtsumme	netto	DM	49.577,00
+ 16 % Mehrwertsteuer		DM	7.932,32
Gesamtsumme	brutto	DM	57.509,32

Noch ein Hinweis zu den Pflanzenkosten der Pos. 18 + 19: Gehölzkosten hängen von der Liefergröße und Lieferqualität der Baumschule ab. Je länger ein Gehölz kultiviert wird, desto größer und schöner ist es, aber auch umso teurer. Nadelgehölze und immergrüne Laubgehölze (z. B. Buchsbaum oder Rhododendron), die langsam wachsen, kosten deshalb in der Regel mehr als schneller wachsende laubabwerfende Gehölze. Staudenpreise weisen dieses Merkmal nicht auf, weil die Staude in der Regel nur eine Verkaufsqualität hat ohne jährlichen Höhen- und Breitenzuwachs wie bei den Gehölzen. Allerdings gibt es auch hier Solitärpflanzen in größeren Töpfen, die besonders bei sich langsam entwickelnden Pflanzen gleich ein fertiges Bild ergeben. Natürlich kosten diese entsprechend mehr, weil sie längere Zeit kultiviert werden.

Ein weiterer Hinweis zu Position 38: Hier sind nur die vom Landschaftsgärtner auszuführenden Arbeiten genannt. Elektrolieferungen (Kabel, Schaltungen) und deren Montage werden meist vom Hauselektriker mit erledigt und dann bei den Hauskosten mit abgerechnet.

In Position 40 ist ein unverbindlicher Schätzpreis für hochwertige Beleuchtungskörper angenommen. Der endgültige Preis hängt von der Auswahl des Auftraggebers ab. Es kann niedriger aber auch höher sein. Darauf hat der Gärtner keinen Einfluss. Diese Kosten gehören aber zum Garten und sind deshalb hier aufgeführt.

Pflanzenpreise sind von der Kultivierungsdauer beeinflusst und für manche technischen Einbauten im Garten werden oft noch andere Fachleute gebraucht (z. B. Elektroarbeiten).

► *Zu hohe Kosten, was nun?*

Angesichts dieses Kostenergebnisses wird klar: So viel Geld ist für den Garten nicht übrig geblieben!

Obwohl der Gesamtpreis der „echten Kosten" geteilt durch die 390 m² Gartenfläche bei DM 147,45 liegt, ein an sich akzeptabler Mittelwert, sind die Kosten zu hoch.

Angenommen, das Garten-Budget liegt bei ungefähr DM 37.000,00, dann ist die Ausführung in vollem Umfang nicht realisierbar.

Was ist nun zu tun? Nur sämtliche Materialkosten anzusetzen und den Rest als „Muskelhypothek" einzuplanen, ist gemessen am Arbeitsumfang unrealis-

Muss Geld gespart werden, ist zuerst zu überlegen, was vielleicht auf später verschoben werden kann, ohne gleich darauf zu verzichten.

tisch. Die reinen Geldausgaben würden sich bei dieser Modellrechnung schätzungsweise im Bereich von etwa DM 30.000,00 bewegen. Es vergehen aber Jahre, bis Sie Ihren Garten im Liegestuhl genießen können und die Rückenschmerzen auskuriert haben.

Was kann also anhand dieses Angebotes zurückgestellt, anders ausgeführt oder selbst gemacht werden? Blättern Sie einfach zurück zu den Seiten 64 und 65. Dort werden die Prioritäten prinzipiell erläutert und auf das Planungsbeispiel übertragen könnte die Anwendung folgendermaßen aussehen:

Es werden auf später zurückgestellt:

Zweiter Sitzplatz aus Pos. 9, 10, 11
und Weg zu den Nutzgartenbeeten

26 m² à 92,50	DM	2.405,00

Weg aus Granitpflaster aus Pos. 9, 10, 12

15 m² à 165,50	DM	2.482,50

Anteil Stufen aus Pos. 17	4 m à 192,00	DM	768,00
Teich Pos. 23		DM	2.450,00
Steingartenkanten Pos. 28		DM	1.080,00

Pergola Pos. 29	DM	4.500,00
Überdachung Pos. 30	DM	1.000,00

Summe	**DM**	**14.685,50**
+ 16 % Mehrwertsteuer	DM	2.349,68

Einsparung durch Zurückstellung	**DM**	**17.035,18**

Die sich jetzt ergebende Gesamtsumme von DM 40.474,14 liegt jedoch immer noch über dem verfügbaren Budget von DM 37.000,00. Nun können Sie noch auf einfacheres und damit billigeres Belagsmaterial zurückgreifen. Es sind folgende alternative Angebotspositionen:

Pos. 11 à Einsparung 75 m²	à 24,00	DM	1.800,00
Pos. 13 à Einsparung 35 m²	à 37,00	DM	1.295,00

Summe	**DM**	**3.095,00**
+ 16 % Mehrwertsteuer DM 495,20		

Einsparung durch Belagsalternative	**DM**	**3.590,20**

Direkt gekauft und selbst aufgestellt werden die Spieleinrichtungen Pos. 32 + 33, Kompostbehälter Pos. 31, Fahrradständer Pos. 34, Wäschetrockner Pos. 35, Lampen Pos. 40:
Ersparnis durch Selbsteinkauf und eigenem Einbau

einschließlich Mehrwertsteuer etwa	**DM**	**1.200,00**

Es ergibt sich folgende abschließende Übersicht:

Kosten lt. Angebot	**DM**	**57.509,32**
abzüglich Zurückstellung	DM	17.035,18
abzüglich Belagsalternative	DM	3.590,20
abzüglich Ersparnis durch Eigenleistung	DM	1.200,00

Summe	**DM**	**35.683,94**

Ein Wechsel von Naturstein zu Betonerzeugnissen spart ebenfalls Kosten, ohne die Nutzbarkeit des Gartens zu beeinträchtigen. Kleinere Einrichtungsgegenstände können selbst installiert werden.

Weiterhin ist zu berücksichtigen, dass die zurückgestellten Belagsflächen vorerst mit der billigsten Flächenbegrünung, nämlich Rasen, herzustellen sind. Also Belagsflächen sind weggerechnet, dafür aber Kostenansatz für mehr Rasen. Das erhöht die Kosten um etwa DM 500,00. Ein kleines Finanzpolster brauchen Sie außerdem zusätzlich, da Überraschungen am Bau nie auszuschließen sind. Gedanklich müssten das dann zusätzlich nochmals etwa DM 1.000,00 sein. Damit kommen wieder DM 1.500,00 dazu. **Endgültiges Ergebnis somit DM 37.183,94.** Damit ist eine annähernde Übereinstimmung mit dem verfügbaren Etat von DM 37.000,00 erreicht. Jetzt wissen Sie, was gebaut und bezahlt werden kann. Vorausgesetzt allerdings, dass Sie die Pflege von Anfang an selbst übernehmen. Dafür ist kein Kostenansatz vorgesehen. Nun stimmt zwar das Geld, aber wird der Garten noch gut? Ich denke schon, denn es wurde vernünftig gespart, ohne das Gesamtkonzept nachhaltig zu beeinträchtigen. Interessant ist, dass jetzt ein erster Bauabschnitt für den Garten fast wie bei der naturnahen Wohngartenform entsteht,

allerdings ohne den zweiten befestigten Sitzplatz, der aber auch als Rasenplatz nutzbar ist, wenn die Möbel keine spitzen Beine aufweisen. Erinnern Sie sich noch an diesen Vorschlag von Seite 53? Wie das planerische Spar-Ergebnis aussieht, ist auf der nächsten Seite dargestellt. Vielleicht gefällt Ihnen die vorerst reduzierte Lösung sogar auf Dauer – beides ist möglich.

▲ Guter Rat ist teuer, ist in dieser Mauer zu lesen. Das ist zwar keine neue Erkenntnis, wird aber häufig erlebt. Also darauf verzichten?

▶ Wird der Stein gedreht, heißt es: „Schlechter noch viel teurer." Beide Erkenntnisse liegen eng beieinander und es dürfte klar sein, welcher der rechte Weg ist.

▲ Ausführungsentwurf als
Ergebnis der Kostenein-
sparungen.
Darstellung als dreidimensionale Ansichtszeichnung
des Wohngartenbereiches,
bei dem die meisten Redu-
zierungen vorgenommen
werden.

Kapitel 5

Weitere Pläne für die Bauarbeiten

▶ Werkplanung und Ausführung

▶ Sachverzeichnis

▶ *Werkplanung und Ausführung*

Werkplanung ist normalerweise eine Arbeit für den Landschaftsarchitekten.

Grundlage ist, wie bereits erwähnt, der kostenreduzierte Entwurfsplan. Um die Planung ins Gelände zu übertragen, braucht der ausführende Fachbetrieb präzise technische Absteck- und detailgenaue Konstruktionszeichnungen sowie Pflanzpläne. Das kann der Laie nur ausnahmsweise leisten. Bei einfachen Verhältnissen, ohne komplizierte Topografie kann aber eine erfahrene Fachfirma auch mit wenigen Angaben solide bauen und pflanzen. Die Qualität hängt dabei allerdings von der Qualifikation und dem Leistungswillen des Ausfüh-

▼ Für die Gehölze werden die Standorte im Pflanzplan exakt angegeben, so dass draußen punktgenau gepflanzt werden kann.

rungsbetriebes ab, denn ohne Landschaftsarchitekten als Ihren Treuhänder haben Sie keine Bauleitung, das heißt niemand überwacht und kontrolliert das entstehende Werk und das könnte auch für die spätere Abrechnung von Bedeutung sein. Bei einer Gartengestaltung mit echter Hanglage ist es immer kompliziert. Mögliche Stützmauern, viele Treppen und wechselnde Weggefälle, damit zusammenhängende komplizierte Entwässerungseinbauten erfordern eine sehr genaue detaillierte Werkplanung, die grundsätzlich ein Landschaftsarchitekt leisten sollte, um Qualitätseinbußen oder gar Schäden zu verhindern. Da Firmen des Garten- und Landschaftsbaues in der Regel nicht planen, sollten Sie bei schwierigen Geländeverhältnissen und anspruchsvollem Gartenausbau ohne Landschaftsarchitekt nicht zu Werke gehen. Der sollte dann natürlich auch den Entwurf erarbeiten und die Kosten beurteilen. Wenn Sie selbst bauen, spielt das alles keine Rolle, denn Sie müssen sämtliche Materialentscheidungen und Qualitätsstandards allein treffen. Ob Sie dafür genaue Pläne brauchen oder nicht, entscheiden Sie in diesem Fall selbst.

■ ABSTECK- UND DETAILPLAN

Einen Absteck- und Detailplan braucht die ausführende Firma für den baulichen Teil wie Erdbewegungen, Belagsarbeiten, Holzarbeiten und Mauerarbeiten, um das Beabsichtigte im Gelände umsetzen zu können. Da unser Beispiel zunächst die reduzierte Lösung betrifft, entfallen schwierige Details für Pergola, Schutzdach oder Teich, so dass hier der Weg zu einem brauchbaren Plan nicht schwierig erscheint. Auch auf Entwässerungseinbauten wie Ablaufschächte oder Rinnen kann verzichtet werden. Alles Niederschlagswasser sollte versickern können; angesichts der relativ kleinflächigen Beläge und sickerfähigem Graspflaster ist das kein Problem. Im Planungsbeispiel sieht dieser reduzierte Ausbau aber trotzdem auf den ersten Blick kompliziert aus.

■ PFLANZPLAN

Ein Pflanzplan enthält die genauen Standorte der Gehölze, die flächengenauen Angaben für

die Stauden (die endgültige Gruppierung muss beim Auslegen der Pflanzen erfolgen) und die exakte Pflanzenbenennung. Damit das alles übersichtlich bleibt, genügen zur Orientierung als Plangrundlage die wichtigsten baulichen Flächenbegrenzungslinien des Entwurfes. Aus dem Plan wird eine Pflanzenlieferliste zusammengestellt, wobei die deutschen Namen zur besseren Orientierung dabei stehen können. Die Gehölzqualität und -größen werden gemäß den Angaben des Baumschulkataloges ausgewählt und eingetragen. Den Abrechnungspreisen liegen die im Angebot genannten Katalogpreise zugrunde abzüglich dem angebotenen Abschlag. Jetzt verfügen Sie über einen Plan zur Verteilung der Pflanzen und eine

▲ Stauden sind am einfachsten an Ort und Stelle zu gruppieren. Im Pflanzplan genügt die Flächenangabe. Geliefert wird ohnehin nach der Liste.

Absteck-und Detailplan

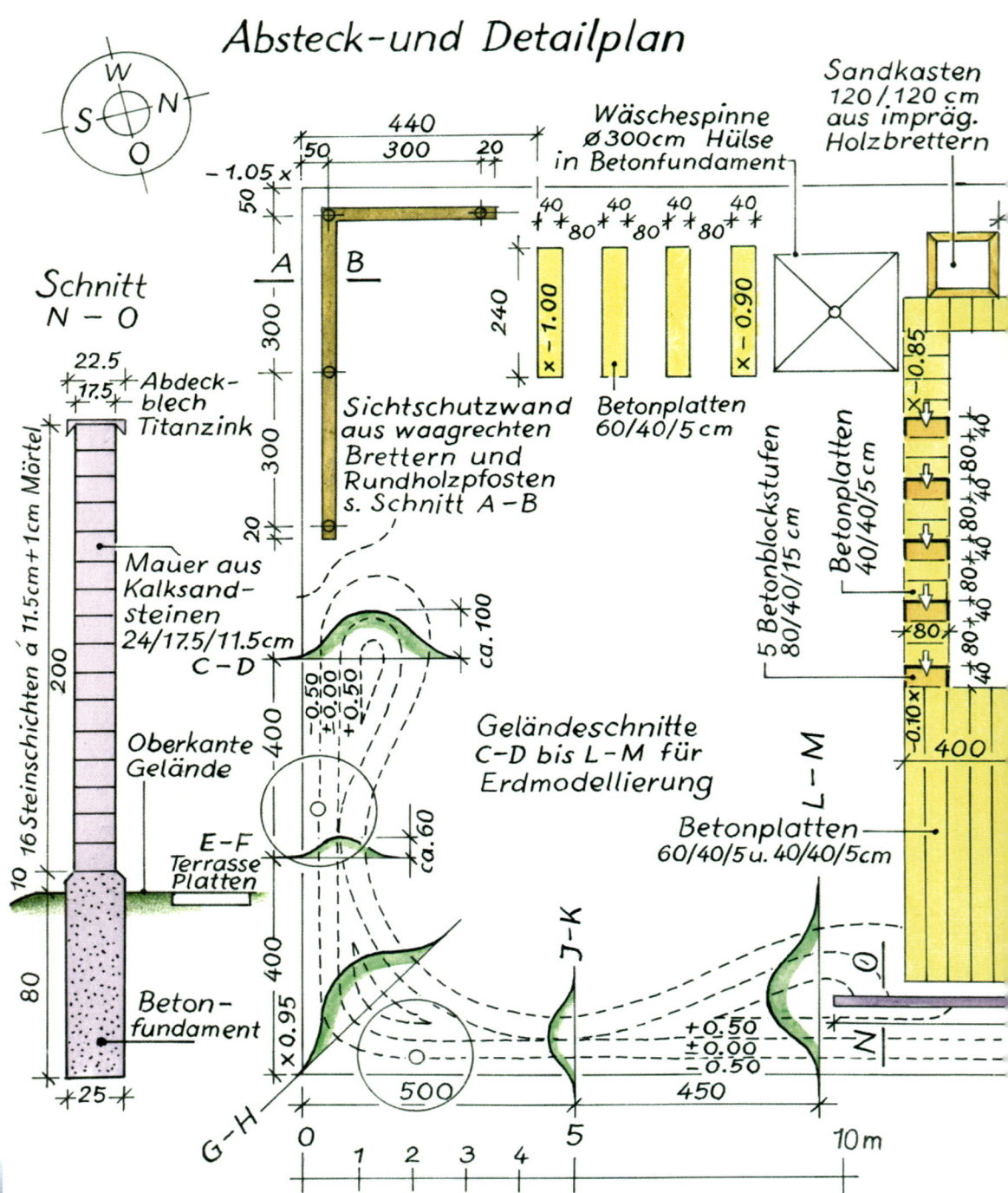

Sandkasten 120/120 cm aus impräg. Holzbrettern

Wäschespinne ⌀300cm Hülse in Betonfundament

Schnitt N – O

Sichtschutzwand aus waagrechten Brettern und Rundholzpfosten s. Schnitt A–B

Betonplatten 60/40/5 cm

Abdeck-blech Titanzink

Mauer aus Kalksand-steinen 24/17.5/11.5cm C–D

Oberkante Gelände

E–F Terrasse Platten

Beton-fundament

5 Betonblockstufen 80/40/15 cm

Betonplatten 40/40/5 cm

Geländeschnitte C–D bis L–M für Erdmodellierung

Betonplatten 60/40/5 u. 40/40/5cm

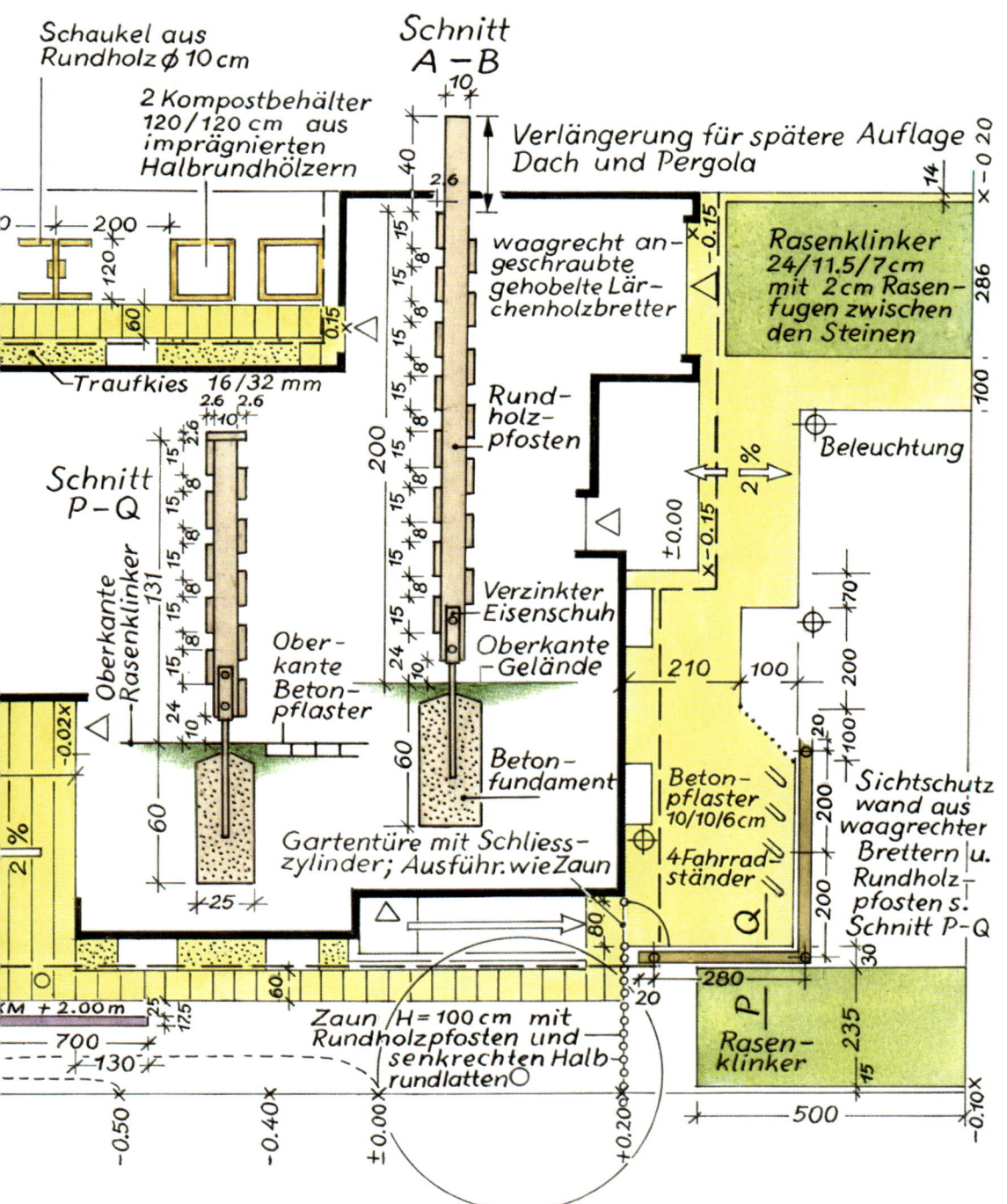

Schaukel aus
Rundholz ⌀ 10 cm

2 Kompostbehälter
120 / 120 cm aus
imprägnierten
Halbrundhölzern

Schnitt
A – B

Verlängerung für spätere Auflage
Dach und Pergola

200

120

60

Traufkies 16/32 mm

Rasenklinker
24/11.5/7cm
mit 2 cm Rasen-
fugen zwischen
den Steinen

waagrecht an-
geschraubte
gehobelte Lär-
chenholzbretter

Rund-
holz-
pfosten

Beleuchtung

Schnitt
P – Q

2.6 2.6

10

Oberkante
Rasenklinker

131

Ober-
kante
Beton-
pflaster

Verzinkter
Eisenschuh

Oberkante
Gelände

Beton-
pflaster
10/10/6cm

Sichtschutz
wand aus
waagrechter
Brettern u.
Rundholz-
pfosten s.
Schnitt P-Q

Beton-
fundament

Gartentüre mit Schliess-
zylinder; Ausführ. wie Zaun

4 Fahrrad-
ständer

60

Beton-
pflaster

210

100

25

2 %

Oberkante
Rasenklinker

Zaun H = 100 cm mit
Rundholzpfosten und
senkrechten Halb-
rundlatten

Rasen-
klinker

700

130

500

M + 2.00 m

-0.50

-0.40

±0.00

+0.20

-0.10

▲ Ein langer Treppenaufgang um das Haus. Solche Hangsituationen müssen vorher genau berechnet werden, damit alles zwischen Haus und Grundstücksgrenze passt und die Stützmauerhöhen stimmen. Hier sind professionelle Planer gefragt.

Liste für den Unternehmer des Garten- und Landschaftsbaues, nach der dieser liefert. Am schwierigsten gestaltet sich immer die Entscheidung über den Standort der ausdauernden Pflanzen, denn um einen brauchbaren Pflanzplan zu entwickeln, bedarf es solider Pflanzenkenntnisse. Abgesehen von den botanischen Pflanzennamen, die eine präzise Pflanzenbestimmung erst ermöglichen, sind es vor allem Kenntnisse über Erscheinungsform, Wuchseigenschaften, Lebensbedingungen, Größenentwicklung, Farbwirkungen, die man sich oft erst mühsam aneignen muss. Wie sich die einzelnen Pflanzen dann in der Pflanzengemeinschaft entwickeln, weiß oft nur der Fachmann. Gerade darauf kommt es aber bei einer Pflanzung auf Dauer an. Bei Pflanzungen werden leider die meisten funktionalen Fehler gemacht und sie sind später, wenn dies offensichtlich wird, kaum ohne Disharmonie korrigierbar. Wenn Sie sich mit dem Pflanzplan überfordert fühlen, sollte auf jeden Fall ein Landschaftsarchitekt zu Rate gezogen werden. Firmen des Garten- und Landschaftsbaues wollen das oft auch tun, aber sie verfolgen verständ-

licherweise Unternehmerinteressen. Da kann man schon mal an eine Firma geraten, die nur möglichst viel verkaufen will, besonders von den gar nicht so billigen Nadelgehölzen und an der Gartenzukunft weniger interessiert ist. Hier kann der Laie wenig kontrollieren, wenn er über keinen qualifizierten Pflanzplan eines neutralen Fachplaners verfügt. Oft genügt schon eine Beratung zum eigenen Konzept, um keine schweren Fehler zu begehen. Fehler an der Pflanzenauswahl sind stets welche für die Gartenzukunft.

Zusammenfassung der Planungsergebnisse: Mit der Werkplanung sind alle erforderlichen Planungen für eine Gartenausführung vorhanden. Der jetzt tatendurstige oder eher unsicher gewordene Leser muss nun für sich selbst beurteilen, was er mit eigenem Wissen und Können leisten kann und für welche Dinge er die jeweiligen Fachleute braucht. Zumindest wissen Sie jetzt, wie wichtig und unverzichtbar eine Gesamtplanung als tragfähiges Gestaltungskonzept und zugleich Kostensicherheit ist. Außerdem haben Sie jetzt einen Überblick, was alles für einen bewusst gestalteten Garten gebraucht wird.

■ PFLANZENLIEFERLISTE ZUM PFLANZPLAN

Erläuterungen zu den Abkürzungen der Qualitätsmerkmale:

z. B. 3 x v   = 3-mal in der Baumschule verpflanzt. Häufiges
                 Verpflanzen ist günstig für sicheres Anwachsen.

z. B. 100/125 = Gewünschte Lieferhöhe der Pflanzen zwischen
                 100 und 125 cm.

z. B. StU 12/14 = Stammumfang bei Bäumen 12/14 cm, gemessen
                 in 1 m Stammhöhe.

Sol.   = Solitärpflanze, deshalb gleichmäßig gewachsenes
                 Einzelexemplar mit weitem Stand herangezogen.

m. B.   = Pflanzen mit Erdballen. Dieser ist in Jutegewebe
                 zur Transportsicherung eingebunden.

z. B. Con. 10 l = Pflanzen im 10 l-Topf (Container) mit festem
                 Erdballen. Vorteil: Kein Wurzelverlust am
                 neuen Pflanzplatz.

Tb.   = Pflanzen mit Topfballen, ebenfalls kein
                 Wurzelverlust.

Planzenlieferliste Gehölze

Bäume	Qualitätsmerkmale
1 Malus 'John Downie' Zierapfel	Hochstamm, 3 x v, StU 12/14 m. B.
1 Prunus 'Accolade' Japanische Blütenkirsche	3 x v, 200/250 m .B.
1 Sorbus aucuparia Eberesche	Hochstamm, 3 x v, aus extra weitem Stand, StU 14/16 m. B.
1 Hauszwetschge	Halbstamm

Sträucher	
2 Amelanchier lamarckii Kupferfelsenbirne mit 3–4 Grundtrieben,	3 x v, 125/150 Sol. m. B.
1 Buxus sempervirens var. arborescens Buchsbaum	4 x v, 60/80 Sol. m. B.
1 Cornus mas Kornelkirsche	3 x v, 125/150 Sol. m. B.
1 Euonymus alatus Korkspindelstrauch	4 x v, 80/100 Sol. m. B.

Fortsetzung der Pflanzenlieferliste auf Seite 86

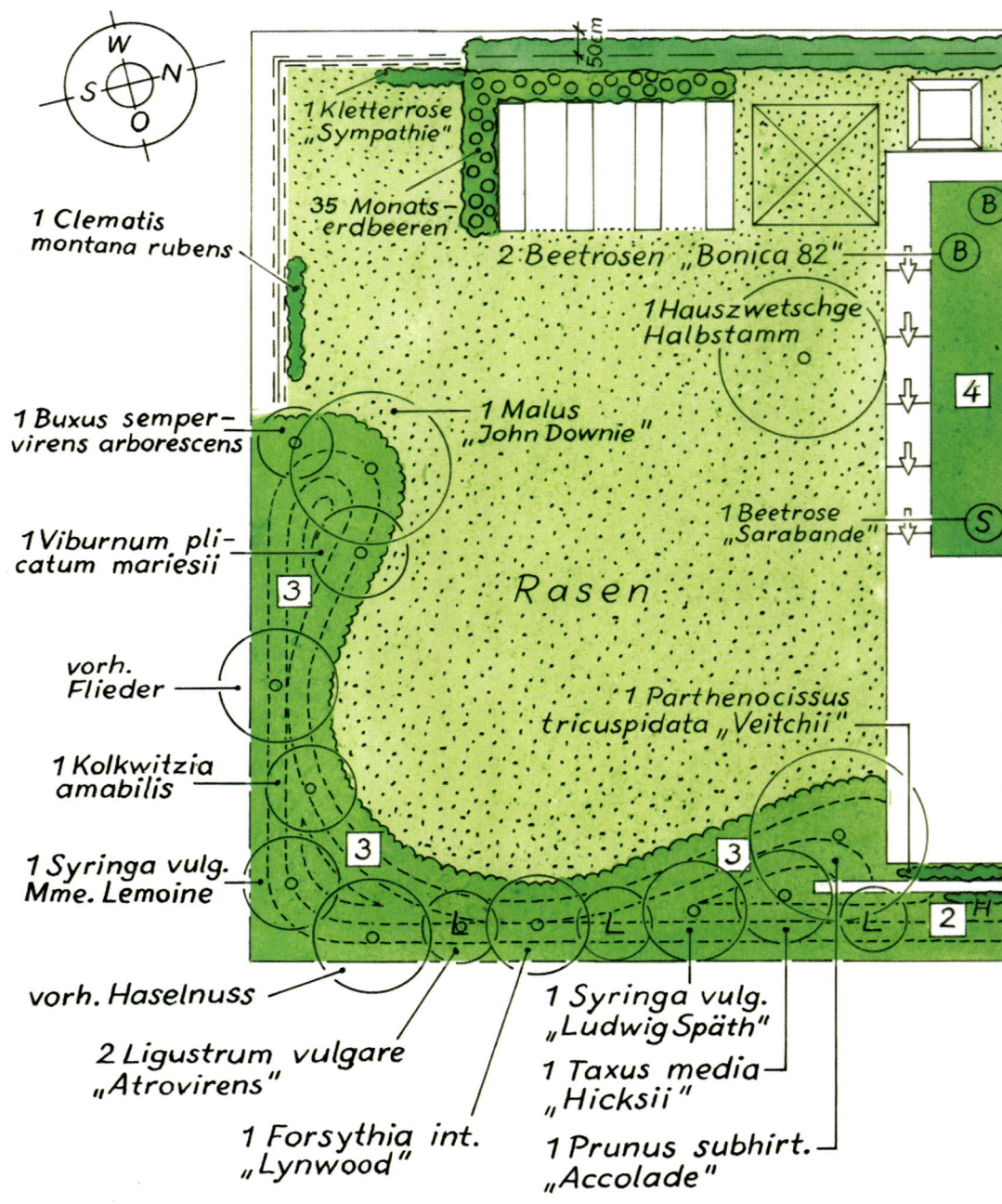

1 Clematis
montana rubens

1 Buxus semper-
virens arborescens

1 Viburnum pli-
catum mariesii

vorh.
Flieder

1 Kolkwitzia
amabilis

1 Syringa vulg.
Mme. Lemoine

vorh. Haselnuss

2 Ligustrum vulgare
„Atrovirens"

1 Forsythia int.
„Lynwood"

1 Kletterrose
„Sympathie"

35 Monats-
erdbeeren

2 Beetrosen „Bonica 82"

1 Hauszwetschge
Halbstamm

1 Malus
„John Downie"

1 Beetrose
„Sarabande"

Rasen

1 Parthenocissus
tricuspidata „Veitchii"

1 Syringa vulg.
„Ludwig Späth"

1 Taxus media
„Hicksii"

1 Prunus subhirt.
„Accolade"

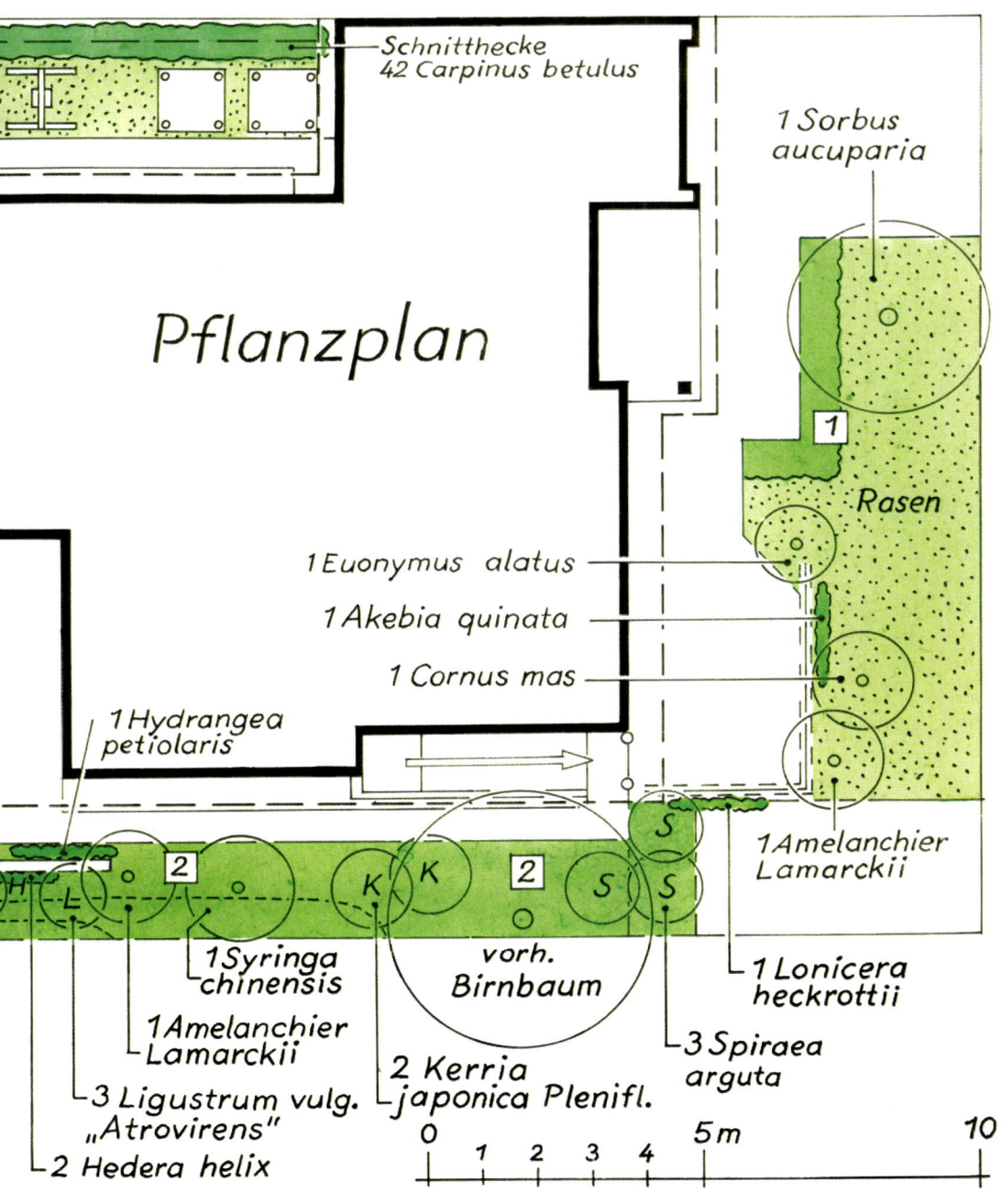

Schnitthecke
42 Carpinus betulus

1 Sorbus
aucuparia

Pflanzplan

Rasen

1 Euonymus alatus

1 Akebia quinata

1 Cornus mas

1 Hydrangea
petiolaris

1 Amelanchier
Lamarckii

1 Syringa
chinensis

vorh.
Birnbaum

1 Lonicera
heckrottii

1 Amelanchier
Lamarckii

3 Spiraea
arguta

3 Ligustrum vulg.
„Atrovirens"

2 Kerria
japonica Plenifl.

2 Hedera helix

0   1   2   3   4   5 m   10

Pflanzenlieferliste Gehölze Fortsetzung

Sträucher	Qualitätsmerkmale
1 Forsythia x intermedia 'Lynwood' Forsythie	3 x v, 100/125 Con. 10 l
2 Kerria japonica 'Pleniflora' Gefüllter Ranunkelstrauch	3 x v, 80/100 Con. 10 l
1 Kolkwitzia amabilis Kolkwitzie	3 x v, 100/125 Sol. m. B.
5 Ligustrum vulgare 'Atrovirens' Liguster	2 x v, 100/125 Sol. 10 l Con.
2 Beetrosen 'Bonica 82'	rosa
1 Beetrose 'Sarabande'	scharlachrot
3 Spiraea arguta Brautspiere	3 x v, 80/100 Con. 10 l
1 Syringa x chinensis Chinesischer Flieder	3 x v, 100/125 Sol. m. B.
1 Syringa vulgaris - Hybride 'Mdme. Lemoine', Edelflieder	3 x v, 100/125 Sol. m. B., gefüllt, weiß
1 Syringa vulgaris - Hybride 'Ludwig Späth', Edelflieder	3 x v, 100/125 Sol. m. B., dunkelpurpur, einfach
1 Taxus x media 'Hicksii' Eibe	4 x v, 80/100 m. B.
1 Viburnum plicatum 'Mariesii' Japanischer Etagenschneeball	3 x v, 80/100 Sol. m.B.

Schnitthecke	
42 Carpinus betulus Hainbuche	Heckenpflanzen aus weitem Stand, geschnitten 2 x v, 125/150 m. B.

Kletterpflanzen	
1 Akebia quinata Akebie	2 x v, 60/100 m. Tb.
1 Clematis montana 'Rubens' Anemonenwaldrebe	2 x v, m. Tb.
2 Hedera helix Efeu	gestäbte Pflanzen, 4–6 Triebe, 2 x v, 60/80 m. Tb.
1 Hydrangea petiolaris Kletterhortensie	2 x v, 40/60 Con. 3 l
1 Lonicera x heckrottii Duftendes Geißblatt	2 x v, 60/100 m. Tb.
1 Parthenocissus tricuspidata 'Veitchii', Wilder Wein	2 x v, 60/80 m. Tb.
1 Kletterrose 'Sympathie'	dunkelrot

Pflanzenlieferliste Stauden

Stauden	Umgangsname
60 Alchemilla mollis	Frauenmantel
3 Anemone japonica 'Honorine Jobert'	Herbstanemone
3 Anemone japonica 'Königin Charlotte'	Herbstanemone
25 Aquilegia caerulea	Akelei
5 Aruncus dioicus	Waldgeißbart
3 Aster dumosus 'Lady in Blue'	Herbstastern
3 Aster dumosus 'Rosenelf'	Herbstastern
10 Astilbe chinensis var. pumila	Prachtspiere
1 Bergenia-Hybride 'Morgenröte'	Bergenie
13 Brunnera macrophylla	Kaukasusvergissmeinnicht
5 Campanula glomerata 'Superba'	Knäuelglockenblume
20 Campanula latifolia macrantha	Waldglockenblume
20 Campanula portenschlagiana 'Birch Hybrid'	Teppichglockenblume
3 Coreopsis verticillata 'Grandiflora'	Mädchenauge
1 Delphinium belladonna 'Piccolo'	Rittersporn
1 Dicentra spectabilis	Tränendes Herz
3 Doronicum orientale	Gemswurz
2 Erigeron-Hybride 'Dunkelste Aller'	Feinstrahl
35 Fragaria vesca var. semperflorus	Monatserdbeere
130 Geranium endressii	Pyrenäenstorchschnabel
30 Geranium macrorrhizum 'Spessart'	Balkanstorchschnabel
20 Geranium x magnificum	Prachtstorchschnabel
120 Geranium sanguineum	Blutstorchschnabel
2 Gypsophila-repens-Hybride 'Rosenschleier'	Schleierkraut
1 Helenium-Hybride 'Moerheim Beauty'	Sonnenbraut
10 Hemerocallis citrina	Taglilie
10 Hemerocallis fulva	Taglilie
5 Hemerocallis thunbergii	Taglilie
5 Heuchera-Hybride 'Red Spangles'	Purpurglöckchen
1 Hosta plantaginea 'Grandiflora'	Lilienfunkie
20 Lysimachia punctata	Goldfelberich
1 Pennisetum compressum	Lampenputzergras
3 Rudbeckia fulgida var. deamii	Sonnenhut
5 Salvia nemorosa 'Ostfriesland'	Salbei
30 Symphytum grandiflorum	Beinwell
50 Vinca minor	Immergrün
10 Waldsteinia geoides	Ungarwurz
120 Waldsteinia ternata	Teppichwaldsteinie

Verteilung der Stauden auf den Flächen 1–4 des Pflanzplanes an Ort und Stelle durch den Planer.

▶ Sachverzeichnis